CB-Funk – der neue Einstieg

Gerd Weichhaus

CB-Funk – der neue Einstieg

Ein einfacher Einstieg in die Funktechnik

Impressum

Bibliografische Information der Deutschen Nationalbibliothek:
Die Deutsche Nationalbibliothek verzeichnet diese Publikation in der Deutschen Nationalbibliografie; detaillierte bibliografische Daten sind im Internet über http://dnb.dnb.de abrufbar.

Coverbild: Gerd Weichhaus

Herstellung und Verlag: BoD – Books on Demand, Norderstedt

ISBN: 978-3-7526-5960-3

Vorwort

CB-Funk? Da war doch mal etwas vor einigen Jahren. Ist das denn heute überhaupt noch aktuell? Auch in den modernen Zeiten von Smartphones und Internet ist das Bürgerband (engl. citizens band, abgekürzt CB), durchaus noch aktuell. Viele der seit zwei oder drei Jahrzehnten eingestaubten Geräte samt Zubehör werden heute sogar wieder hervorgekramt und in Betrieb genommen. Der CB-Funk lebt auf jeden Fall. Das ist Grund genug, interessierte Menschen mit der Technik und den Gepflogenheiten „auf Band“ vertraut zu machen. Es interessieren sich viele Menschen für die vermeintlich antiquierte Technik. Die Hersteller der Funktechnik bringen schließlich nicht ohne Grund neue und modern ausgestattete Geräte samt Zubehör auf den Markt. Insider sprechen sogar von einem regelrechten Revival des CB-Funks im 21. Jahrhundert.

Wie funktioniert nun aber der Einstieg? Was brauche ich für eine Ausrüstung, wie erreiche ich andere Funker und kann ich einfach so mitreden? Das sind alles Fragen, die viele potenzielle Einsteiger haben – und möglicherweise sogar davon abhalten, überhaupt einzusteigen. Um es gleich vorweg zu schreiben: Der Einstieg ist sehr einfach und auch recht preisgünstig. Sie haben heute eine große Auswahl sowohl an älteren als auch an fabrikneuen Funkgeräten. Es muss ja nicht gleich die Super-Funkstation mit einer Spitzenausstattung für mehrere 100 Euro sein. Die Geräte sind heute sogar wesentlich günstiger zu haben als seinerzeit in den 70er, 80er oder 90er Jahren.

So ist es auch heute möglich, mit einem günstigen und gebrauchten Handfunkgerät in den CB-Funk einzusteigen, ähnlich, wie dies vor drei oder vier Jahrzehnten schon viele Menschen taten. Dies ist immer noch eine der einfachsten Möglichkeiten zum „Reinschnuppern“ und möglicherweise für den Einstieg in ein neues und interessantes Hobby, bei dem Sie viele Menschen und die unterschiedlichsten Charaktere kennenlernen können. Es dreht sich zwar beim CB-Funk vieles um die Technik, dafür ist es aber auch ein interessanter Zeitvertreib für gesellige Menschen. Aus vielen per Funk geschlossenen Bekanntschaften entstehen sogar langjährige Freundschaften.

Beim CB-Funk oder besser „auf Band“ geht es um viele Themen, wobei einen großen Anteil die Technik ausmacht. Früher oft im Verkehr als Kommunikationsmittel eingesetzt, hat sich die Bedeutung des CB-Funks heute doch etwas geändert. Es handelt sich aber damals wie heute um eine hauptsächlich privat genutzte Anwendung. Funker lernen andere Funker kennen, tauschen sich über verschiedenste Themen aus und finden am gleichen Hobby interessierte Menschen. Hören Sie doch einmal rein. Es ist gar nicht so schwer, (wieder) einen Einstieg zu finden.

Inhaltsverzeichnis

Wichtige Hinweise

Das vorliegende Buch wurde mit großer Sorgfalt geschrieben, die darin enthaltenen Informationen wurden nach bestem Wissen und Gewissen erarbeitet und, soweit möglich, in praktischen Versuchen überprüft. Dennoch übernehmen der Autor und der Verlag für die Richtigkeit sämtlicher Angaben oder Hinweise keine Haftung, ebenso wenig für eventuelle Druckfehler.

Kapitel 1: Einstieg in die CB-Funktechnik

In diesem Kapitel geht es um die wichtigsten Informationen, welche für den Einstieg vermittelt werden sollten. Was brauche ich überhaupt, um loslegen zu können? Kann ich auch einfach mal so mithören, um einen ersten Eindruck zu gewinnen? Ist bei mir in der Gegend auf dem Band überhaupt etwas los oder nicht? Das sind alles Fragen, die viele Anfänger und Interessierte stellen und auf die hier Antworten folgen sollen, soweit möglich. Natürlich geht es auch um ein anderes Thema: Ist CB-Funk auch im 21. Jahrhundert noch aktuell? Sollte man in so eine vermeintlich alte Technik heute überhaupt noch einsteigen und wenn ja, warum und wie? Viele Funker sagen, dass der CB-Funk (immer noch) lebt. Aber tut er das auch in meiner Gegend? Hier gibt es nur eine Antwort: Steigen Sie ein und finden Sie es heraus.

1.1 Warum noch CB-Funk im 21. Jahrhundert?

Warum nicht? Das könnte man kurz und knapp antworten. Es gibt aber doch noch einige gute Gründe, welche für die gute alte (und analoge) Funktechnik sprechen. Hier sind einige davon:

- Der CB-Funk kommt ohne jegliche Art von Zwischenstation aus, ganz im Gegensatz zu den meisten anderen Kommunikationsmitteln (Festnetz, Internet, Mobiltelefone usw.).
- Für die Funkverbindung werden nur mindestens zwei einfache Funkanlagen benötigt. Es reichen im einfachsten Fall sogar zwei Handfunkgeräte.
- Sie sind aus den eben genannten Gründen absolut unabhängig von einer fremden Infrastruktur, deren Aufbau und Funktionsweise meistens undurchschaubar ist.
- Sie benötigen im Gegensatz zum Amateurfunk für den CB-Funk keine Lizenz.
- Bei günstigen örtlichen Gegebenheiten sind gute Reichweiten möglich (dazu später mehr).
- Bei entsprechenden atmosphärischen Bedingungen (Band offen, auch dazu später mehr) sind enorme Reichweiten bis zu mehreren 100 Kilometern möglich.
- Es können nahezu unbegrenzt viele Funker an einer Funkrunde teilnehmen.
- Sie können auf sehr einfachem Wege viele Menschen kennenlernen.
- Im Allgemeinen herrscht ein recht lockerer und netter Umgangston (Ausnahmen gibt es natürlich immer).
- Der einfachste Einstieg ist sehr preisgünstig. Auch zu diesem Thema können Sie später noch mehr lesen.

- Es gibt noch viele neue und auch gute gebrauchte Funkgeräte.
- Ihnen entstehen im Gegensatz zur Verwendung der meisten anderen Telekommunikationsmittel keine laufenden Kosten (zum Beispiel für Telefon-, Handy- oder Internetgebühren).
- Möglicherweise tragen Sie dazu bei, eine zwar alte, dafür aber seit Langem bewährte Technik und ein interessantes Hobby mit neuem Leben zu erfüllen.
- Alleine die Funktechnik und das ganze Drumherum sorgen fast immer für Gesprächsthemen.
- Es herrscht im Allgemeinen keine Anonymität und ein so rauer Umgangston wie in vielen (a-) sozialen Netzwerken.
- Sie können den CB-Funk praktisch überall nutzen, nicht zur zuhause. Nehmen Sie doch einfach ein Funkgerät mit in den nächsten Urlaub. Sie können dadurch viele Menschen an Ihrem Urlaubsort kennenlernen.
- Mittlerweile gibt es zahlreiche Kanäle, die zur Verfügung stehen (ganz im Gegensatz zur Anfangszeit des CB-Funks, in der es nur 12 Kanäle gab).
- Sie können kostengünstig und sehr einfach eine neue Art von Verbindung mit mehreren anderen Funkteilnehmern herstellen. Nicht umsonst war der CB-Funk eine Zeit lang auch ein wichtiger Sicherheitsfaktor für unterwegs.
- Bleiben Sie auch zu Fuß oder mit dem Auto ständig in Kontakt mit der Feststation zuhause, benutzen Sie das Funkgerät wegen der heutigen gesetzlichen Bestimmungen aber nicht beim Fahren.
- Auch heute noch kann der CB-Funk als schnelle und aktuelle Informationsquelle als Stauwarnsystem eingesetzt werden. Werden Sie doch ein Teil davon, wenn Sie viel unterwegs sind. Das gilt übrigens nicht nur für die Lkw-Fahrer.

- Heute gibt es viele neue, moderne und vor allem sehr kleine Funkgeräte, die Sie auch in neuere Fahrzeuge mit begrenztem Platz problemlos einbauen können. Es muss schließlich kein altes und großes Funkgerät eingebaut werden. In Abbildung 1.1.1 sehen Sie ein modernes Funkgerät mit einem sehr geringen Platzbedarf.

1.1.1 Kleines Funkgerät mit Streichholzschachtel zum Größenvergleich

- Üben Sie ein neues Hobby in Form des Bergfunks aus, indem Sie mit Funkgerät und Antenne von einem höheren Berg aus versuchen, Kontakte zu weiter entfernten Funkkollegen herzustellen. Es ist sicherlich interessant, auf diese Weise auch weiter entfernte Funker kennenzulernen.

- Nutzen Sie den CB-Funk bei Bedarf auch in der Landwirtschaft oder beim Hobby unterwegs. Kommunizieren Sie vom Traktor aus nach Hause oder zu einem anderen Fahrzeug.
- Ähnliches gilt auch für die (berufliche) Kommunikation zwischen (Firmen-) Fahrzeugen. Es müssen ja nicht gerade vertrauliche Informationen über das Band weitergegeben werden.
- Eine Funkverbindung ist oft wesentlich schneller aufgebaut als eine Telefonverbindung oder gar eine Kommunikationsverbindung per Internet.

Sie sehen, es gibt tatsächlich einige Gründe, die für die Nutzung des CB-Funks sprechen. Die Möglichkeiten sind nahezu unbegrenzt, auch wenn die Hauptanwendungen natürlich im nicht kommerziellen Bereich liegen. Der CB-Funk ist ein Kommunikationsmittel, das auch heute noch vielfältig ist. Wenn bei Ihnen „auf dem Band“ noch nichts los ist, laden Sie doch Freunde, Bekannte oder auch Verwandte ein, mitzumachen. Möglicherweise gründen Sie ja sogar später einmal einen neuen Funkklub, wer weiß ...

Übrigens ist der CB-Funk für alle Menschen aus allen Altersklassen geeignet. Es gibt kein Mindestalter (lediglich sprechen können ist hilfreich) und kein Höchstalter. Viele etwas reifere Menschen dürften den CB-Funk auch noch aus längst vergangenen Zeiten kennen. Einen wahrhaften Boom erlebte die Technik in der zweiten Hälfte der 70er Jahre. Damals hatte man nur 12 Kanäle zur Verfügung, auf denen sich die Funker drängten. Viele zogen sich damals sehr schnell wieder vom CB-Funk zurück. Heute ist auf den Kanälen weit weniger los. Allerdings gibt es statt 12 auch 80 davon, außerdem gibt es seit einigen Jahren keine Gebühren mehr, wie diese seinerzeit für einige Funkstationen (zum Beispiel Heimstationen) zu zahlen waren.

1.2 Was wird für den Einstieg benötigt?

Um diese Frage ganz einfach zubeantworten: ein Funkgerät mit Antenne und Stromversorgung. Aber es gibt hier, wie so oft im Leben, mehrere Möglichkeiten. Hier sind die wichtigsten bzw. gängigsten Arten von Funkausrüstungen:

- Im einfachsten Fall reicht eine Handfunke (oft auch als Handgurke bezeichnet) für den Einstieg aus. Die Vorteile dabei: Sie brauchen sich keine Gedanken zum Aufstellen und Einstellen einer geeigneten Antenne zu machen, außerdem benötigen Sie nur Akkus oder Batterien zum Betrieb und kein Netzteil. Auch einen weiteren Vorteil bietet ein Handfunkgerät: Sie können es überall mit hinnehmen.
- Fürs Auto reicht ein Mobilfunkgerät mit einer Antenne. Wenn Sie für den Einbau der Antenne kein Loch ins Dach oder in den Kotflügel bohren möchten, nehmen Sie doch einfach eine Magnetfußantenne. Die Stromversorgung übernimmt die Autobatterie.
- Zuhause verwenden am besten eine Heimstation mit eingebautem Netzteil oder ein Mobilfunkgerät in Verbindung mit einem Netzteil, das aus der Netzspannung die vom Gerät benötigte Gleichspannung von rund 12 Volt bereitstellt. Als Antenne wird im Idealfall eine stationäre Antenne verwendet (Dach- oder Balkonmontage). Weiterhin benötigen Sie ein Antennenkabel und natürlich die Antennenstecker zum Verbinden von Antenne und Funkgerät.

Wichtig: Wenn Sie sich für eine Mobilstation oder eine Heimstation mit externer Antenne entscheiden, benötigen Sie unbedingt eine

Einrichtung zur Einstellung dieser Antenne, die als Stehwellenmessgerät oder SWR-Meter (Abbildung 1.2.1) bezeichnet wird und ein kurzes Antennenkabel mit zwei Antennensteckern. Nur durch die Einstellung der so genannten Stehwelle können Sie die maximale Leistung aus der Antenne herausholen und eine Mobilstation oder Heimstation betreiben, ohne Gefahr zu laufen, das Funkgerät zu beschädigen. Ohne die korrekte Einstellung der Stehwelle sollte eine Station (egal ob Mobil- oder Feststation) mit externer Antenne niemals betrieben werden. Im schlimmsten Fall kann sonst die Endstufe (Sendeendstufe des Funkgerätes beschädigt werden). Mehr Infos zum Thema Stehwelle bzw. SWR-Meter finden Sie im Kapitel 2.

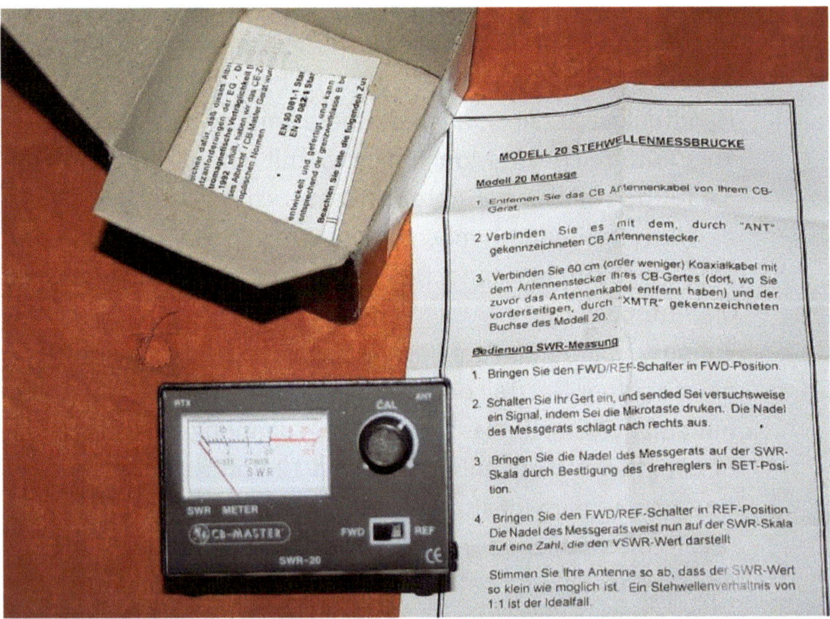

1.2.1 Einfaches Stehwellenmessgerät

1.2.2 Handfunkgerät mit Antennenkabel und Adaptern

Erläuterung zur Abbildung 1.2.2: Ein Handfunkgerät lässt sich übrigens problemlos auch an einer Antenne für eine Mobilstation oder eine Heimstation betreiben. Dafür benötigt es natürlich einen entsprechenden Antennenanschluss. Das Handfunkgerät in der Abbildung (6) hat einen solchen Anschluss, an dem normalerweise die kurze Gummiantenne (5) angeschlossen wird. Mithilfe eines entsprechenden Adapters (3) von BNC (Anschluss am Funkgerät) auf PL (herkömmlicher Antennenstecker für den CB-Funk, siehe Nummer 4 in der Abbildung) kann aber auch eine externe Antenne angeschlossen werden. In der Abbildung sehen Sie noch eine andere Art von Antennenadapter (1, PL-Stecker auf BNC-Buchse) sowie zwei Zwischenstücke zum Verbinden von zwei Antennenkabeln mithilfe von PL-Steckern (2).

1.3 Crashkurs zur Funktechnik

Einige wichtige Dinge zur Technik sollten Sie schon erfahren, bevor es an die Praxis geht. Schließlich sollten Sie in der Lage sein, das Funkgerät richtig in Betrieb zu nehmen und zu bedienen. Nehmen wir an, Sie möchten möglichst bald einmal reinhören und sind auf der Suche nach einer möglichst einfachen (und günstigen) Lösung für den Einstieg. Wie Sie bereits erfahren haben, geht es da schon los mit den Entscheidungen. Zunächst brauchen Sie eine funktionsfähige Funkanlage. Wie diese aussieht, hängt von verschiedenen Faktoren ab. Beantworten Sie sich am besten zuerst einige Fragen?

- Was für eine Art Funkgerät soll es sein? Interessiert Sie mehr ein Handfunkgerät oder soll es gleich eine Mobil- oder Heimstation sein?
- Zur Beantwortung der ersten Frage sollten Sie natürlich wissen, ob Sie das Funkgerät hauptsächlich zuhause oder unterwegs nutzen möchten.
- Muss es ein neues Gerät samt Antennenanlage sein oder tut es zumindest für den Anfang vielleicht auch ein gebrauchtes Funkgerät oder eine komplett angebotene und gebrauchte Funkanlage?
- Wie sieht es mit dem Budget aus? Diese Frage ist auch oft entscheidend für die Beantwortung der vorherigen Frage.
- Welche Möglichkeiten haben Sie zur Aufstellung einer Antenne zuhause (falls Sie sich für eine Feststation entscheiden)? Besteht die Möglichkeit des Antennenaufbaus auf dem Dach?
- Wollen Sie möglicherweise eine Feststation zuhause und eine mobile Station für das Auto oder eine Handfunke benutzen,

um von unterwegs aus mit jemandem zuhause funken zu können?

Entscheiden Sie sich für die Ihnen am sinnvollsten erscheinende Lösung. Wenn Sie sich beispielsweise unsicher sind, ob ein Empfang an Ihrem Wohnort überhaupt möglich ist, können Sie dies sehr einfach mit einem Handfunkgerät schon einmal austesten, das Sie außerhalb des Hauses in Betrieb nehmen (siehe Abbildung 1.3.1).

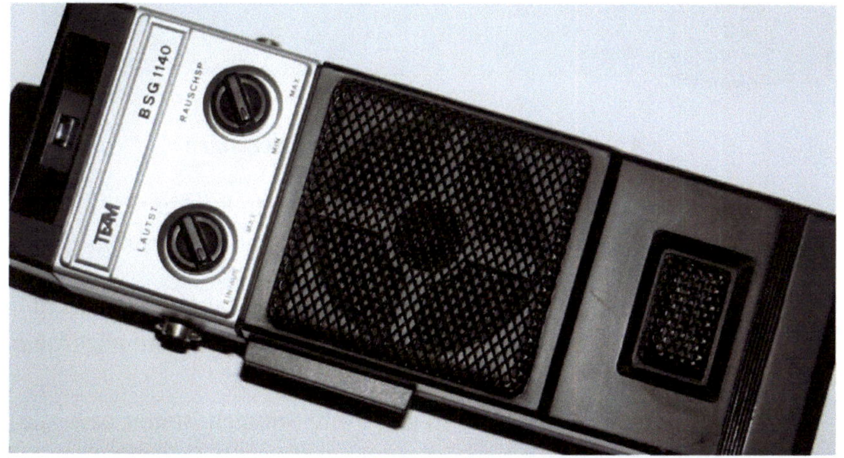

Abbildung 1.3.1 Einfaches Handfunkgerät aus den 80er Jahren

Besonders solche älteren Geräte aus den 80er Jahren mit 40 Kanälen sind sehr oft schon für einen Zehner zu haben und funktionieren recht gut. Das Gerät in der Abbildung kostete gerade mal 15 Euro inkl. Versand, hat eine relativ lange Antenne und dadurch einen sehr guten Empfang. Für die Inbetriebnahme und Bedienung eines solchen Gerätes oder einer Mobilstation sollten Sie aber zumindest die wichtigsten Bedienelemente kennen.

1.3.2 40-Kanal-AM-FM-Funkgerät mit Bedienteil

Sehen Sie sich dazu die Abbildung 1.3.2 an, die ein Funkgerät für den Einbau ins Auto zeigt. Hier sind die wichtigsten Bedienelemente:

- Der Lautstärkeregler mit Ein-Ausschalter braucht wohl nicht weiter erläutert zu werden, dessen Funktion dürfte allgemein bekannt sein.
- Ebenfalls wichtig ist der so genannte Squelch-Regler bzw. die Rauschsperre. Diese Regelung dient dazu, das mitunter doch sehr störende Grundrauschen zu unterdrücken, während die Gespräche bzw. Durchgänge anderer Funkteilnehmer zu hören sind. Dieser Regler sollte so weit nach rechts gedreht werden, bis das Grundrauschen gerade so verschwindet. Gegenstationen mit einer ausreichenden Sendestärke sind dann trotzdem zu hören. Lediglich der Empfang von sehr schwachen Stationen erfordert es, die Rauschsperre wieder zu öffnen, den Regler also wieder etwas nach links zu drehen.
- Mindestens ebenso wichtig ist der Kanaleinsteller, welcher in Verbindung mit einer entsprechenden Kanalanzeige genutzt wird. Statt eines Drehknopfes besitzen viele Geräte auch

Tasten für Up und Down, häufig sogar am Mikrofon. Schalten Sie sich langsam durch die Kanäle, bis Sie eine oder mehrere Stationen empfangen können.

- Im CB-Funk gibt es mehrere Modulationsarten, die wichtigsten sind AM (Amplitudenmodulation) und FM (Frequenzmodulation). Heute sehr oft genutzt wird die Frequenzmodulation FM. Viele Geräte besitzen sogar nur diese Modulationsart. Lediglich die Lkw-Fahrer auf Kanal 9 verwenden häufig die Amplitudenmodulation AM. In den meisten Fällen genügt es, das Funkgerät standardmäßig auf FM einzustellen. Wenn Sie allerdings stark verzerrte oder kaum verständliche Funksprüche hören, können Sie den Schalter probeweise auf AM umstellen, um festzustellen, ob die Funkteilnehmer auf dieser Modulationsart senden.
- Das so genannte S-Meter zeigt unter anderem die Empfangsstärke an. Wenn Sie das erste Mal in Kontakt mit einer neuen Gegenstation treten, werden Sie oft nach dem so genannten S-Wert oder Santiagowert gefragt, also die Empfangsstärke, welche Sie auf diesem Instrument ablesen können. Viele Geräte besitzen statt eines Zeigerinstrumentes auch eine LED- oder Digitalanzeige mit Balken. Je höher der Ausschlag bzw. die Anzeige ist, desto stärker ist die Sendeleistung der Gegenstation bzw. desto geringer ist deren Entfernung zu Ihnen. Ein analoges S-Meter sehen Sie in Abbildung 1.3.3.

1.3.3 S-Meter

- Wenn Sie selber aktiv werden und an einem Funkgespräch (QSO) teilnehmen wollen, müssen Sie selber in den

Sendebetrieb gehen, auf den Sie mit der Sendetaste am Mikrofon umschalten. Sie drücken die Taste, machen Ihren Durchgang (sagen, was Sie sagen möchten) und lassen anschließend die Taste wieder los. Danach ist das Gerät wieder empfangsbereit.

Dies waren schon einmal die wichtigsten Bedienelemente. Einige Funkgeräte bieten natürlich noch mehr oder weniger hilfreiche Zusatzfunktionen:

- Sehr praktisch ist zum Beispiel ein Scanner. Dieser dient dazu, automatisch durch die Kanäle zu schalten. Findet auf irgendeinem Kanal ein Gespräch statt (empfängt das Funkgerät also eine Gegenstation), stoppt der Scanner. Die Rauschsperre muss dazu so eingestellt sein, dass das Grundrauschen ausgeblendet wird. Sie können dann sofort die entsprechenden Gegenstationen hören. Wird nichts mehr empfangen, startet das Gerät nach einer Weile automatisch den Scanvorgang erneut. Stoppen können Sie den Scanner zum Beispiel durch einen kurzen Druck auf die Sendetaste. Doch es gibt noch einige weitere Funktionen, von denen hier einige wichtige erläutert werden sollten:
- Viele Geräte besitzen einen zusätzlichen Regler, der oft mit RF-Gain oder Verst. bezeichnet wird. Mit diesem Regler lässt sich die Empfangsstärke regulieren. Er dient dazu, sehr stark empfangene Stationen etwas schwächer einzupegeln. Im Normalfall steht dieser Regler auf Rechtsanschlag.
- Ebenfalls wichtig ist der Regler mit der Bezeichnung Mic-Gain. Dieser dient dazu, die Verstärkung des Mikrofons einzustellen. Je weiter Sie diesen Regler nach rechts

drehen, desto lauter sind Sie von der Gegenseite zu hören. Allerdings sollten Sie den Regler nicht zu weit aufdrehen. Ansonsten könnte es zu Verzerrungen auf der Gegenseite kommen, durch die Sie dann nicht mehr richtig zu verstehen sind.

1.3.4 Funkgerät mit RF Gain und Mic-Gain

Je nach Ausstattung des Funkgerätes gibt es noch viele andere Einstellmöglichkeiten oder Funktionen. Für den Anfang dürfte es aber ausreichen, wenn Sie die wichtigsten davon kennen. Vielleicht können Sie auf diese Weise schon eine erste Funkverbindung aufbauen oder zumindest in eventuell stattfindende Gespräche reinhören. Falls das an Ihrem aktuellen Standort noch nicht funktionieren sollte, begeben sich am besten auf den nächsten höheren Berg, um die Reichweite zu erhöhen. Der Standort spielt, wie Sie wahrscheinlich schon einmal gehört haben, eine wesentliche Rolle für die Reichweite. Am besten suchen Sie sich einen Standort mit einer guten Rundumsicht aus.

1.4 Erst hören, dann mitreden?

Schön am CB-Funk ist, dass praktisch jeder Interessierte mitmachen kann. Wenn Sie eine Weile reingehört bzw. mitgehört haben, können Sie jederzeit in das Gespräch einsteigen, vorausgesetzt natürlich, dass Sie die anderen Funker auch erreichen (wegen der möglicherweise geringeren Reichweite Ihres Handfunkgerätes) und überhaupt Lust haben, am Gespräch (man nennt dieses in der Funksprache oft auch QSO) teilzunehmen. Der Einstieg in ein solches Funkgespräch kann auf unterschiedliche Art und Weise erfolgen. Meistens ist es so, dass der Nutzer eines Funkgerätes zunächst über die Kanäle geht, das heißt, einen Kanal nach dem anderen abhört, ob dort ein Gespräch stattfindet. Haben Sie Glück, ist zumindest auf einem Kanal etwas los, es findet also gerade ein Gespräch statt. Sie haben nun die Möglichkeit, zunächst ein bisschen mitzuhören.

Haben Sie Interesse, an dem Gespräch teilzunehmen oder möchten Sie einfach mal selbst aktiv an einem QSO teilnehmen, können Sie sich in das Gespräch „hinein X-en", wie es in der Funksprache heißt. Wie das funktioniert? Es ist im Prinzip ganz einfach: Sie müssen lediglich zwischen zwei Funksprüchen die Sendetaste drücken, ein „QRX" oder einfach ein „X" in das Mikrofon sprechen und die Taste wieder loslassen. Das „X" bedeutet soviel wie „Break", also „Pause". Sie zeigen damit, dass Sie als neu hinzugekommene Funkstation in ein laufendes Gespräch aufgenommen werden möchten. Wenn die Gegenstelle(n) Sie hören (man sagt auch aufnehmen) können, kommt in der Regel nach kurzer Zeit eine Antwort wie zum Beispiel „X, komm". Dies ist das Zeichen für Sie, dass Sie selbst einen Funkspruch an die anderen Teilnehmer abgeben sollen.

In der Regel finden nun einige typische Funkspruchwechsel statt, bei denen es um die Nachfrage geht, wer sich neu hinzu gemeldet hat. Da die Funker in der Regel sehr höflich miteinander umgehen, stellt sich jeder am Gespräch Beteiligte zunächst einmal vor. Normalerweise erfahren Sie den Rufnamen (häufig auch als Skip bezeichnet) der anderen Funkteilnehmer, deren Vornamen und Standort. Dieser wird oft auch als QTH bezeichnet. Machen Sie sich zunächst keine Sorgen über die vielen „Qs", die Sie wahrscheinlich im Laufe der Zeit hören werden. Eine Liste dieser ganzen Begriffe mit entsprechenden Erläuterungen finden Sie in Kapitel 4. Wie das Funkgespräch weitergeht, hängt natürlich ganz von Ihnen und Ihren Gegenstellen ab. Häufig sind es jedoch ganz angenehme und interessante Gespräche, bei denen die unterschiedlichsten Themengebiete angesprochen werden. Möglicherweise folgen diesem ersten Kontakt viele weitere. Das hängt ganz davon ab, wie viel Spaß Sie an der Sache haben und ob Sie möglicherweise häufiger in Funkergespräche einsteigen.

Sollte niemand auf Band zu hören sein, können Sie natürlich auch selbst einen Aufruf starten. Am besten tun Sie dies auf verschiedenen Kanälen, sollte sich nicht gleich eine Gegenstelle melden. Dies funktioniert ganz einfach mit einem allgemeinen Anruf, der beispielsweise wie folgt lauten kann: „Ist jemand auf dem Kanal XX (Ihr eingestellter Kanal) QRV?". Die Buchstaben „QRV" stehen für die Sende- und Empfangsbereitschaft. Wenn Sie jemand auf einem der vielen Kanäle hört und antworten möchte, melden Sie sich einfach mit Ihrem Namen bzw. mit Ihrem Funknamen bzw. Skip, den Sie sich möglichst bald zulegen sollten, wenn Sie häufiger an QSOs teilnehmen möchten.

Es gibt übrigens so genannte Anrufkanäle, die bevorzugt für allgemeine Anrufe verwendet werden. Dazu gehören die Kanäle 1 für

FM und 4 für AM. Viele Funker nutzen allerdings so genannte Hauskanäle, also solche Kanäle, auf denen sich Teilnehmer einer bestimmten Funkrunde für gewöhnlich treffen. Die allgemeinen Anrufe finden dann auf den entsprechenden Kanälen statt. Meistens handelt es sich hierbei um die Kanäle, auf denen Sie regelmäßig immer wieder die gleichen Teilnehmer hören können. Sollten Sie solche Kanäle finden, hören Sie dort einfach mal häufiger rein oder starten Sie selbst einen allgemeinen Anruf. Es gibt noch viele andere Kanäle, die spezielle „Funktionen" haben. Einer davon ist beispielsweise der Kanal 9, der bereits vor sehr langer Zeit als weltweiter Notrufkanal festgelegt wurde und mittlerweile ein Fernfahrerkanal (in der Modulationsart AM) ist. Wenn sich zum Beispiel mehrere Lkw-Fahrer über CB-Funk unterhalten, finden Sie diese in der Regel auf dem Kanal 9.

Zusammenfassung:

Damit möglichst von Anfang an alles glatt läuft, sollten Sie einige Dinge beim Funken beachten. Hier eine kleine Zusammenfassung:

- Stellen Sie das Gerät auf den gewünschten Kanal ein und hören Sie zunächst, ob ein QSO stattfindet.
- Stellen Sie gegebenenfalls dazu auch die Rauschsperre etwas geringer ein (Regler gegen den Uhrzeigersinn drehen), damit Sie auch schwächere Stationen nicht überhören.
- Falls momentan kein anderer Funkteilnehmer zu hören ist, können Sie einen eigenen Anruf starten, beispielsweise mit den Worten „Ist auf Kanal XX jemand QRV?".
- Rufen Sie am besten immer nur kurz und warten Sie dann einige Zeit ab, ob eine andere Station antwortet.
- Erst wenn Sie auch nach einer Weile niemanden hören, wiederholen Sie gegebenenfalls den Anruf.

- Lassen Sie einer eventuell mithörenden Gegenstation immer erst einige Sekunden Zeit, um sich zu melden.
- Erst wenn sich nach einiger Zeit der Pause niemand zurückmeldet, versuchen Sie auf einem anderen Kanal Ihr Glück.

Es handelt sich hierbei um sehr einfache Regeln, die Sie trotzdem beherzigen sollten. Es ist leider schon sehr häufig vorgekommen, dass ein Anruf gestartet wird, der Anrufer aber nicht lange genug wartet, bis sich eine Gegenstation zurückmeldet. Lassen Sie den anderen Funkern also genügend Zeit, auf Ihren Anruf zu antworten.

1.5 Das erste QSO und häufige Fragen

Wie Sie sehr schnell feststellen werden, sind es meist immer dieselben Fragen, die gerade zu Anfang neuen Funkteilnehmern gestellt werden. Ein paar davon haben Sie bereits im vergangenen Abschnitt kennengelernt, nämlich die Fragen nach dem eigenen Rufnamen (Skip), dem Vornamen und dem Standort.

Über Funk werden normalerweise nur Vornamen oder die entsprechenden Rufnamen angegeben. Außerdem ist die allgemeine Anrede das „Du". Dabei spielt es überhaupt keine Rolle, wer von beiden Teilnehmern und jünger oder älter ist, ob der eine Professor oder andere Schüler ist oder etwas anderes. Von besonderem Interesse ist außerdem der QTH, also der aktuelle Standort von Ihnen. Schließlich wollen die anderen Funker gerne wissen, wie weit sie mit Ihren Anlagen kommen. Fragen Sie ruhig auch selber nach, wo sich die anderen Stationen befinden, um die Reichweite Ihres eigenen Funkgerätes auszutesten.

Natürlich können auch andere Fragen kommen. So ist es beispielsweise schon fast üblich, nachzufragen, welches Funkgerät der andere Funkteilnehmer verwendet, ob er häufiger „auf dem Band“ zu hören ist oder ähnliche Dinge. Überhaupt spielen die technischen Themen schon eine relativ große Rolle. Allerdings heißt dies nicht, dass nur über die Funktechnik gesprochen wird. Im Prinzip können alle möglichen Themen angesprochen werden. Lediglich allzu persönliche Dinge oder sonstige, nicht für die Öffentlichkeit bzw. offen zugängliche Themen sollten nicht per Funk besprochen werden. Schließlich kann im Prinzip jeder mithören, der ein entsprechendes Funkgerät besitzt.

1.6 Ein paar Hinweise zur Reichweite, zum Empfang und zum Standort

Sie werden sehr schnell merken, dass der Empfang und damit auch die Reichweite sehr stark von Ihrem momentanen Standort abhängig ist. Generell kann man sagen, dass ein höherer Standort, beispielsweise auf einem Hügel oder auf einem Berg, bessere Bedingungen für eine höhere Reichweite bietet. Generell gilt also Folgendes: Je höher Ihr Standort liegt, desto weiter kommen Sie. Natürlich spielen noch einige andere Dinge eine Rolle und haben einen wesentlichen Einfluss auf Ihre Reichweite. Dazu gehören etwa folgende Faktoren:

- Die Empfangsqualität Ihres Funkgerätes spielt eine wesentliche Rolle. Leider ist nicht ein Gerät wie das andere. Es gibt auch zum Teil erhebliche Unterschiede bei der

Empfangsqualität, besonders bei alten und möglicherweise verstellten Funkgeräten (siehe auch Abbildung 1.6.1).

- Schlägt das S-Meter gar nicht aus, liegt ggf. ein Defekt vor. Ein geringer Ausschlag des Instrumentes ist meistens zu sehen, auch wenn zurzeit kein Funkbetrieb herrscht. Zeigerausschläge durch mehr oder weniger vorhandene Störungen gibt es so gut wie immer.
- Wenn gar kein Empfang da ist, sollte gegebenenfalls auch die Antennenanlage überprüft werden, besonders die Einstellung der Stehwelle.

1.6.1 Das S-Meter schlägt meistens etwas aus

- Der Aufstellungsort und die Qualität Ihrer Antenne spielen eine große Rolle. Dies gilt vor allem für Antennen von Feststationen, genauso aber auch für an Fahrzeugen angebrachte Antennen wie beispielsweise Magnetfußantennen. Meist gilt hier auch, dass eine längere Antenne eine bessere Sende- und Empfangsleistung hat. Nicht umsonst sind die Antennen für Heimstationen mit

Längen von mehr als fünfeinhalb Metern (zuzüglich der Länge eines Antennenmastes) recht lang.

- Die Umgebung in Ihrer unmittelbaren Nähe spielt ebenfalls eine Rolle. Gibt es viele höhere Gebäude um Sie herum, kann dies den Empfang besonders empfindlich stören. Dies gilt auch dann, wenn viele andere elektronische Einrichtungen für zusätzliche Störungen sorgen.
- Die Sendereichweite hängt natürlich von der Sendeleistung Ihres Funkgerätes ab. Es gibt zwar eine gesetzliche Grenze von 4 Watt für die Modulationsarten AM und FM. Allerdings setzen viele Funker heute so genannte Omas ein, zusätzliche Sendeverstärker bzw. Brenner, so dass die eigene Funkanlage dann ein Vielfaches an Sendeleistung und auch eine wesentlich höhere Reichweite hat.
- Einige CB-Funkgeräte lassen sich auch modifizieren, so dass sie eine höhere Ausgangleistung (Sendeleistung) haben. Dies gilt sowohl für ältere als auch für aktuelle Funkgeräte.
- Aus dem Ausland senden ebenfalls sehr viele Funkstationen mit einer wesentlich stärkeren Leistung. Wundern Sie sich daher nicht, wenn Sie diese Stationen zwar empfangen können, die ausländischen Stationen Sie aber nicht hören, wenn Sie nur mit den legal erlaubten 4 Watt senden.
- Ebenfalls wichtig und an späterer Stelle noch ausführlicher erklärt ist die Einstellung der Stehwelle, die bei einer stationären oder aber am Fahrzeug eingesetzten Antenne vor der ersten Inbetriebnahme der Funkanlage unbedingt korrekt vorgenommen werden sollte.

1.6.2 Mehrere alte Funkgeräte aus einem Konvolut

Um eine **ungefähre** Vorstellung zu erhalten, wie weit Sie mit dem CB-Funk kommen, lesen Sie hier folgende Angaben, die allerdings nur sehr grob gemacht werden können. Wie Sie bereits erfahren haben, ist die maximale Reichweite unter anderem stark von Ihrem aktuellen Standort abhängig.

- Handfunkgeräte erreichen bei günstigen Umgebungsbedingungen (und je nach Sendeleistung) Reichweiten von etwa 5 Kilometern, in einigen Fällen sogar deutlich mehr.
- In Fahrzeugen eingebaute Mobilfunkgeräte sollten je nach örtlichen Gegebenheiten schon 10 bis 15 Kilometer weit kommen, auf Bergen kann es auch deutlich mehr sein, in der Stadt aber auch viel weniger.

- Eine Heimstation mit einer richtig eingemessenen Antenne mit einer Länge von fünfeinhalb Metern oder mehr bringt es schon einmal auf eine Distanz von bis zu etwa 50 Kilometern.

Wie gesagt, sind dies nur ungefähre Richtwerte und keinesfalls allgemeingültig. Ausnahmen gibt es natürlich immer. Um die Reichweite so gut wie möglich zu optimieren, können Sie folgende Tipps und Hinweise umsetzen:

- Achten Sie unbedingt auf eine möglichst gute Einstellung der Stehwelle (siehe dazu auch Kapitel 2). Dadurch schonen Sie nicht nur die Endstufe Ihres Funkgerätes, sondern erreichen auch wesentlich mehr und auch weiter entfernte Funker.
- Experimentieren Sie nach Möglichkeit auch mit dem Aufstellungsort der Antenne. Oft macht es schon einen großen Unterschied, ob die Antenne nun vor, seitlich oder hinter dem Haus aufgestellt wird. Wenn Sie die Möglichkeit haben, ermitteln Sie durch Experimentieren den richtigen Standort, bevor die Antenne dann schließlich fest montiert wird. Der doch etwas größere Aufwand macht sich oft mehr als bezahlt.
- Achten Sie darauf, dass die Antenne nicht in unmittelbarer Nähe von störenden Einflüssen wie anderer Elektronik aufgebaut wird, sofern möglich. Achten Sie außerdem auf einen Aufstellungsort nicht in unmittelbarer Nähe von massiven Metallgegenständen.
- Versuchen Sie, die Kabelverbindung zum Funkgerät möglichst kurz zu halten und verwenden Sie nur hochwertige Steckverbindungen und Verbindungskabel. Wenn Sie die Stecker selbst montieren bzw. anlöten, vermeiden Sie unbedingt Kurzschlüsse oder Wackelkontakte. Sehen Sie sich dazu auch die Abbildung 1.6.4 an.

Die Abbildung zeigt, wie ein herkömmlicher PL-Stecker (Antennenstecker für CB-Funk-Antennenkabel) angelötet bzw. angeschlossen wird. Nach dem Abisolieren muss der Innenleiter des Antennenkabels mit dem Anschluss des Antennensteckers verlötet werden. Die Erfahrung hat allerdings gezeigt, dass viele dieser Stecker nicht sachgemäß an den Kabeln angelötet werden. Dabei entstehen häufig Kurzschlüsse oder nicht ordnungsgemäß angeschlossene Antennenkabel und somit Fehlfunktionen bzw. Ausfälle der kompletten Antennenanlage. Sehr wichtig ist es daher, diesen Anschluss sehr sorgfältig vorzunehmen und die Antennenleitung auf Kurschluss zu überprüfen (ein einfaches Messgerät wie das in Abbildung 1.6.3 reicht dafür bereits aus). Aus diesem Grunde folgt eine bebilderte Anleitung, die für sehr viele, im Handel erhältliche Antennenstecker hilfreich ist.

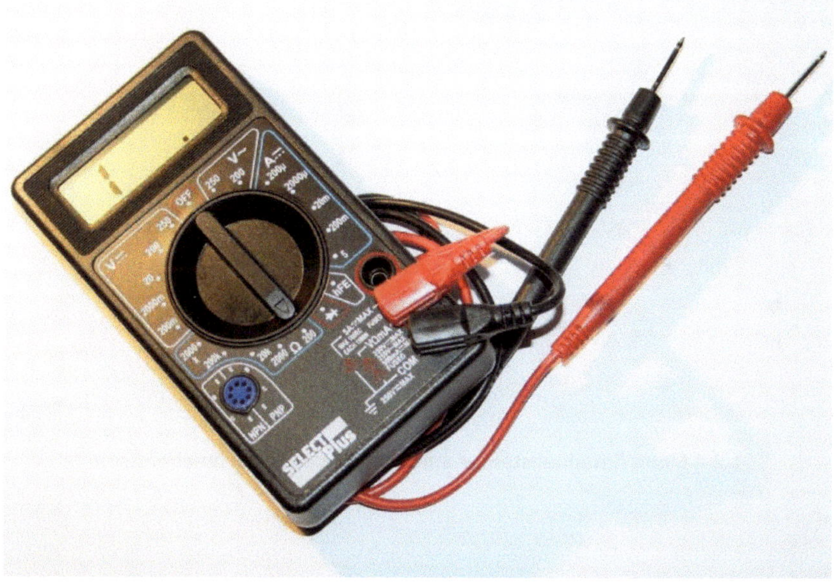

1.6.3 Einfaches Messgerät zum Durchmessen der Antennenleitung

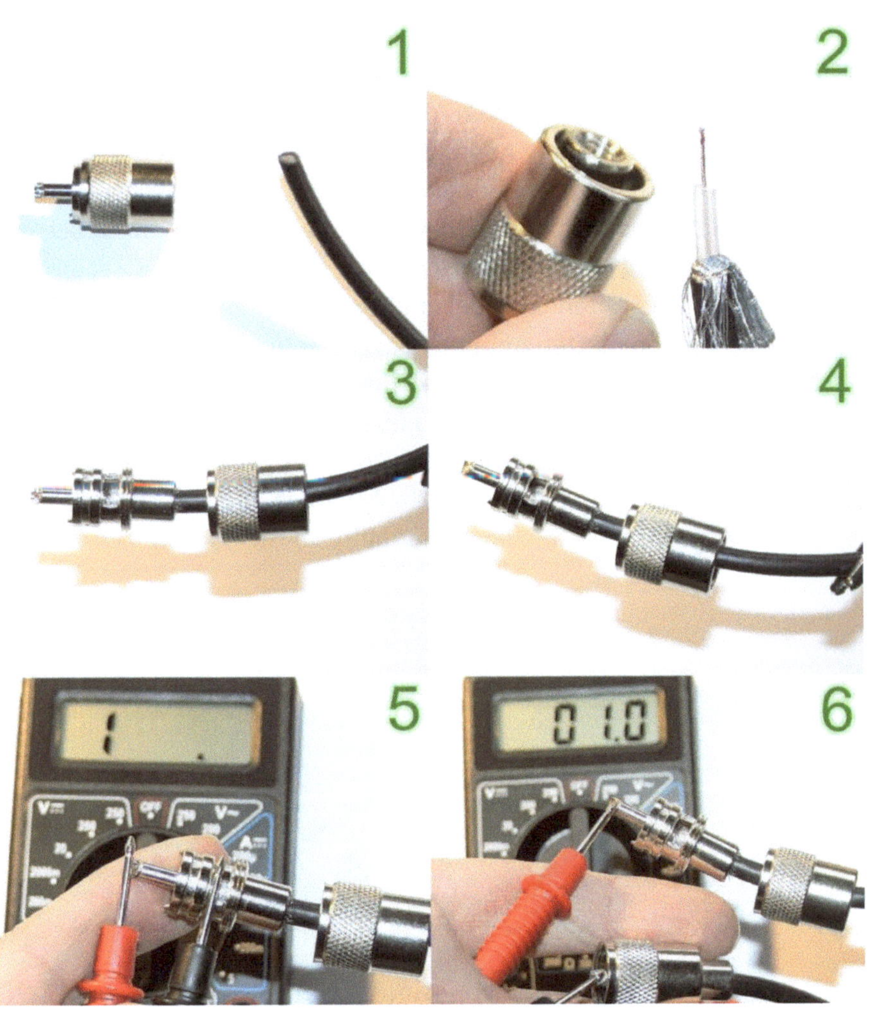

1.6.4 Einen Antennenstecker anlöten und das Kabel durchmessen

1. Nachdem das Antennenkabel auf die gewünschte bzw. benötigte Länge abgeschnitten wurde, muss es zunächst abisoliert werden.
2. Hier sehen Sie das abisolierte Antennenkabel. Wichtig: Der Innenleiter und der Außenleiter (Abschirmung) dürfen sich später keinesfalls berühren. Isolieren Sie das Antennenkabel außen etwa auf eine Länge von 15 bis 18 Millimetern ab. Stülpen Sie anschließend die komplette Abschirmung über die äußere Isolierung und entfernen Sie dann die Isolierung des Innenleiters auf einer Länge von etwa 5 Millimetern (siehe Abbildung 2).
3. Das so abisolierte Kabel muss nun in den Stecker eingeschraubt werden. Der Stecker hat dazu ein entsprechendes Innengewinde. Achten Sie dabei aber unbedingt darauf, dass Innen- und Außenleiter sich später nicht berühren.
4. So sieht das lötfertige Antennenkabel aus. Durch die seitliche Öffnung am PL-Stecker können Sie sehr gut überprüfen, ob der Innenleiter richtig in den Stecker eingeführt wurde.
5. Nachdem Sie den Stecker verlötet haben, überprüfen Sie ihn auf einen etwaigen Kurzschluss. Dazu verwenden Sie ein einfaches Multimeter oder einen Durchgangsprüfer. Ein günstiges Gerät aus dem Baumarkt für nur wenige Euro Kaufpreis reicht dafür vollkommen aus.
6. Sie können auch das Kabel am Innenleiter sowie am Außenleiter jeweils auf Durchgang überprüfen, wenn möglich. So gehen Sie sicher, dass das Kabel nachher auch einwandfrei funktioniert.

Nehmen Sie sich ruhig die Zeit, um das Kabel richtig anzuschließen. Sie ersparen sich dadurch eine unnötige Fehlersuche.

Kapitel 2: Wichtige Infos zur Funktechnik

Im 2. Kapitel dieses Buches erfahren Sie mehr über die CB-Funkgeräte und ihre Funktionen. Ein weiterer, sehr wichtiger Teil dieses Kapitels handelt von den für den Funk notwendigen Antennen. Es geht darum, warum es so wichtig ist, mithilfe der nur relativ geringen und zur Verfügung stehenden Sendeenergie und einer vernünftigen Antenne eine gute Reichweite zu erzielen. Ein wesentlicher Faktor dabei ist die so genannte Stehwelle bzw. das Stehwellenverhältnis, um das es in einem weiteren Teil dieses Kapitels ebenfalls gehen soll. Sie erfahren, was es damit überhaupt auf sich hat, warum diese Einstellung so wichtig ist und natürlich auch, wie und womit sie vorgenommen wird.

Weitere wichtige Themenbereiche dieses Kapitels bestehen im Aufbau einer CB-Funkanlage und deren Inbetriebnahme. Erfahren Sie, warum eine vernünftige Energiequelle für das Funkgerät wichtig ist und wie diese aussehen sollte bzw. welche Eigenschaften sie aufweisen sollte. Auch weitere Themen werden angeschnitten, darunter die Modulationsarten, die beim CB-Funk verwendet werden. Weiterhin gibt es noch weitere Informationen zu den beim CB-Funk verwendeten Kanälen und Frequenzen, außerdem zu den verschiedenen Ländernormen. Den Anfang macht aber eine wichtige Entscheidung, nämlich die wesentliche Entscheidung, welche Art von Funkgerät es für den Anfang sein soll. Im Wesentlichen gibt es drei verschiedene Möglichkeiten, wobei natürlich die Anzahl von Variationen sehr groß ist.

2.1 Welches Funkgerät ist das richtige, Handfunke, Mobil- oder Feststation?

Zunächst sollten Sie sich eine Möglichkeit für den Einstieg aussuchen. Wollen Sie einfach mal hören, ob überhaupt was los ist, eignet sich dafür ein Handfunkgerät besonders gut, mit dem Sie in die Funkwelt hineinlauschen können. Viele Menschen und Interessierte am CB-Funk fangen mit einem solchen Gerät an, gegebenenfalls auch mit einem gebrauchten. Einfache Handfunkgeräte für den CB-Funk sind teilweise bereits für einen Zehner (plus eventuellen Versand) erhältlich. Sie müssen lediglich ein paar Batterien in das Gerät einlegen und können dann sofort „auf Band“ gehen. Schauen Sie sich doch einfach mal in diversen Onlineportalen nach gebrauchten Geräten um. Achten Sie allerdings darauf, dass diese auch funktionsfähig sind. Später können Sie dann immer noch eine Mobil- oder Feststation aufbauen, sollten Sie Interesse an diesem neuen Hobby gefunden oder bereits die ersten Kontakte zu anderen Funkern hergestellt haben.

Dies soll natürlich nur eine Empfehlung bzw. ein einfacher Tipp sein. Selbstverständlich können Sie auch gleich eine Mobilstation in Ihr Fahrzeug einbauen. Diese Möglichkeit eignet sich besonders gut dann, wenn Sie günstig an ein neues oder gebrauchtes Gerät samt Antenne kommen können oder den CB-Funk hauptsächlich außerhalb (beispielsweise auf einem Berg) betreiben wollen. Sinnvoll ist dies sicherlich, wenn Sie unterkünftig (beispielsweise mitten in der Stadt in einem Tal) wohnen und dort die Bedingungen für einen optimalen Empfang und eine hohe Sendereichweite nicht gerade besonders gut sind. Sie können dann entweder ein Handfunkgerät mit raus nehmen oder mit dem Auto und einer eingebauten Mobilstation etwas außerhalb Ihres Wohnortes den Funkbetrieb aufnehmen. Ob Sie sich nun für ein Gerät mit 40 oder 80 Kanälen entscheiden, bleibt natürlich Ihnen überlassen. Allerdings sollten Sie davon Abstand nehmen, ein Uraltgerät aus der Anfangszeit des CB-Funks zu verwenden, das nur zwölf oder noch weniger Kanäle und als Modulationsart nur AM hat. In der Anfangszeit des CB-Funks waren nur wenige Kanäle freigegeben und nur die Amplitudenmodulation (AM) erlaubt. Die ersten Geräte mit Frequenzmodulation folgten erst etwas später. Mit solchen Geräten kommen Sie nicht allzu weit. Diese haben nicht nur eine geringere Anzahl an Kanälen, sondern auch eine wesentlich geringere Ausgangsleistung. In der Abbildung 2.1.1 sehen Sie ein solches Funkgerät aus den 70er Jahren.

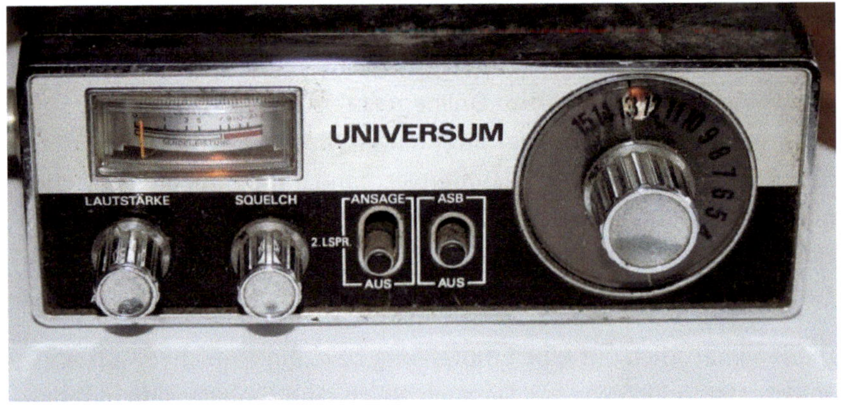

2.1.1 CB-Funkgerät aus den 70er Jahren mit AM und 0,5 Watt Sendeleistung

Wo wir gerade dabei sind: Achten Sie auf eine Ausgangsleistung bei AM von mindestens 1 Watt, während auf dem FM-Betrieb das Gerät eine Ausgangsleistung von 4 Watt haben sollte. Gegebenenfalls schauen Sie in den technischen Daten zu dem jeweiligen Gerät nach, welche Ausgangsleistung es bietet. Zu den meisten Funkgeräten sind die entsprechenden Daten im Internet erhältlich. Handelt es sich jedoch um ein Gerät mit mindestens 40 Kanälen, können Sie in den meisten Fällen davon ausgehen, dass dieses Gerät auch die heute standardmäßigen Ausgangsleistungen von 1 bzw. 4 Watt bei den entsprechenden Modulationsarten hat.

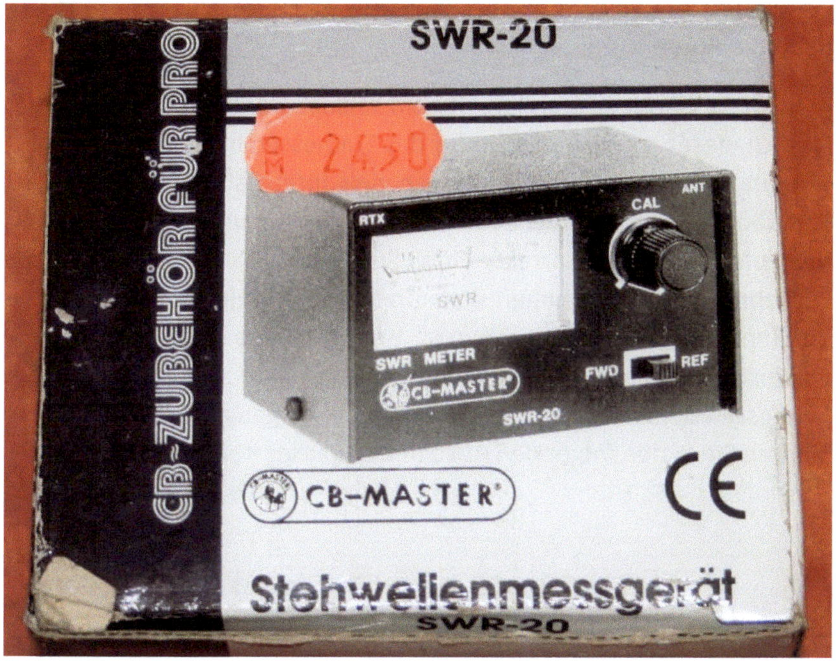

2.1.2 Gebrauchtes Stehwellenmessgerät

Noch ein wichtiger Hinweis: Sollten Sie sich für eine Mobil- oder Feststation mit einer externen Antenne interessieren bzw. für den Kauf einer solchen entschieden haben, kalkulieren Sie beim Kauf Ihrer neuen Funkanlage unbedingt den eines Stehwellenmessgerätes (häufig auch als SWR-Meter bezeichnet, Abbildung 2.1.2) mit einem kurzen Antennenkabel samt Steckern ein. Dieses Gerät ist notwendig, um die Antenne (egal ob Mobil- oder Feststationsantenne) korrekt einzustellen. Gebrauchte Messgeräte in einfacher Ausführung sind oft für deutlich weniger als 10 Euro zu haben. Aber auch neu kosten sie nicht die Welt. Achten Sie aber unbedingt darauf, ein kurzes

Antennenkabel mit zwei PL-Steckern mit zu kaufen. Dieses kurze Kabel benötigen Sie, um das Messgerät mit dem CB-Funkgerät zu verbinden. An den Ausgang des Stehwellenmessgerätes schließen Sie dann die Antenne an.

Kennen Sie bereits jemanden, der ein solches Gerät besitzt, können Sie sich dieses möglicherweise für das Einmessen Ihrer neuen Antenne ausleihen. Leider vergessen viele Interessierte an der Funktechnik, sich ein solches Gerät anzuschaffen und können demzufolge auch die korrekte Einstellung der Antenne nicht vornehmen. Als Folge haben sie dann nur einen sehr schlechten Empfang und „kommen nicht raus", erreichen also keine ausreichende Reichweite beim Funkbetrieb. Mehr zum Thema Einmessen der Antenne bzw. Einstellen der so genannten Stehwelle können Sie in den folgenden Abschnitten dieses Kapitels nachlesen.

2.2 Funkgeräte und ihre Funktionen

Wie die meisten anderen elektronischen Geräte, bieten auch die CB-Funkgeräte je nach Preisklasse die unterschiedlichsten Funktionen. Die wichtigsten Bedienelemente haben Sie im vergangenen Kapitel 1 bereits kennengelernt. Neben den Basisfunktionen wie Lautstärke, Rauschsperre (Squelch), Kanalwähler und AM-FM-Umschaltung gibt es aber noch einige andere Funktionen mehr. Viele Handfunkgeräte bieten bereits einige Luxusfunktionen, wenn Sie diese so nennen wollen. Hier sind einige weitere Ausstattungsmerkmale, auf die Sie möglicherweise bei der Bedienung großen Wert legen oder die Ihnen einmal sehr nützlich sein könnten:

- Sehr praktisch ist beispielsweise ein Scanner, der alle Kanäle automatisch durchschaltet, bis auf einem Kanal etwas empfangen werden kann, so dass der Scanner stoppt. Vergleichbar ist diese Funktion mit einem Sendersuchlauf an einem Radio.
- Praktisch sind außerdem Kanaltasten am Mikrofon, eine nützliche Zusatzfunktion, die viele moderne Funkgeräte bieten.
- Einige Geräte bieten zudem eine Taste, mit der von jedem Kanal aus sofort auf den Kanal 9 oder 19 umgeschaltet werden kann. Dies ist vor allem dann praktisch, wenn der Kanal 9 zu den standardmäßig genutzten Kanälen gehört. Diese Funktion wird häufig auch als Nottaste oder Emergency bezeichnet, da dieser Kanal als Notrufkanal dient.
- Viele Geräte bieten auch eine nützliche Funktion namens Dual Watch (abgekürzt DW) an. Mit dieser Funktion ist es möglich, zwei Kanäle abzuhören, wobei das Gerät in kurzen Abständen zwischen zwei vordefinierten Kanälen hin und her schaltet. Falls auf einem der beiden Kanäle ein Signal empfangen wird, stoppt das Gerät das Umschalten und der Kanal mit einem Empfangssignal ist zu hören.
- Eine Funktion namens Roger-Beep sendet am Ende eines Sendedurchgangs ein akustisches Signal. Dies ist zum Beispiel dann hilfreich, wenn der Empfang auf der Gegenseite nur schwach ist und das Ende eines Durchgangs deutlich signalisiert werden soll.
- Der RF-Regler dient zur Einstellung der Empfangsstärke bzw. der Empfindlichkeit. Diese Funktion ist beispielsweise dann sinnvoll, wenn eine sehr starke

Station empfangen wird und etwas abgeregelt werden soll.

- Mic-Gain regelt die Lautstärke des Mikrofons. Sind Sie von der Gegenseite beispielsweise zu leise oder zu laut zu hören, können Sie die Lautstärke Ihres Mikrofons mit diesem Regler anpassen.
- Die Speicherplätze ermöglichen es, verschiedene und oft verwendete Kanäle zu speichern und mit einem einzigen Tastendruck abzurufen, ähnlich wie bei den Stationstasten an einem Radiogerät.
- Ein PA-CB-Umschalter dient dazu, das Gerät in der Stellung PA als Durchsageverstärker zu nutzen. Dies ist allerdings nur dann sinnvoll, wenn das Gerät mit einem externen Außenlautsprecher versehen wurde.
- ANL steht für Automatic Noise Limiter, eine nützliche Funktion, die Störgeräusche aus Funksprüchen herausfiltern soll. Über diese Funktion verfügen allerdings nur relativ wenige Funkgeräte.
- Ähnlich ist es auch mit einem Local-DX-Umschalter. DX steht hier für weite Entfernungen, dementsprechend sollte der Schalter sich in dieser Stellung befinden, wenn auch der Empfang von weiter entfernten Stationen möglich sein soll.
- Ebenfalls nur wenige Geräte verfügen über eine Einstellung der Sendeleistung, entweder mithilfe einer Hi/Lo-Taste oder mithilfe eines Reglers.

Ein sehr wichtiger Bestandteil eines jeden Funkgerätes ist auch ein Display. Im einfachsten Fall ist nur eine Kanalanzeige vorhanden. Viele Geräte verfügen entweder über ein zusätzliches Zeigerinstrument für die Anzeige der Sendeleistung und Empfangsstärke (Santiagowert), bei wiederum anderen Geräten ist diese Anzeige als Balkenanzeige mit LEDs ausgeführt. Etwas modernere Geräte verfügen häufig auch über eine LCD-Anzeige mit mehreren Funktionen (siehe auch Abbildung 2.2.1). Neben der eigentlichen Kanalanzeige wird zum Beispiel noch die Frequenz angezeigt, außerdem ist die Balkenanzeige für die Sende- und Empfangsstärke integriert. Auch zahlreiche Zusatzfunktionen werden über ein solches Multifunktionsdisplay angezeigt wie zum Beispiel die Modulationsart (AM/FM) sowie etwaige Zusatzfunktionen des Gerätes (Scan usw.). Die Größe und der Umfang dieser Anzeige hängt natürlich von den entsprechenden Ausstattungsmerkmalen Ihres Funkgerätes ab.

2.2.1 Display eines CB-Funkgerätes mit diversen Anzeigemöglichkeiten

2.3 Warum eine vernünftige Antenne so wichtig ist

In Funkerkreisen wird nicht ohne Grund gesagt, dass eine vernünftige Antenne das A und O für jede Art von Funkbetrieb darstellt. Stellen

Sie sich die Funkantenne als eine Art Schnittstelle zur Außenwelt vor. Über sie kann das Funkgerät sowohl Signale empfangen als auch eigene Funksignale abgeben. Kein Radio funktioniert ohne eine vernünftige Antenne, genau so ist es auch bei einem CB-Funkgerät, das eine gute Antenne für den einwandfreien Anfang und für eine ordentliche Reichweite benötigt. Die Reichweite bzw. Sendereichweite eines herkömmlichen Funkgerätes ist mit 1 oder 4 Watt Sendeleistung nicht besonders hoch. Deswegen ist es umso wichtiger, dass die Sendeleistung auch so gut wie möglich abgestrahlt und auf der Empfängerseite wieder empfangen werden kann. Es handelt sich nicht um einen Radiosender mit mehreren Kilowatt Leistung, der gleich Reichweiten von mehreren 100 Kilometern hat. Die paar Watt Sendeleistung müssen also optimal in den Äther übertragen werden, genauso müssen sie von diesem wieder in das Funkgerät gelangen können. Damit dies funktioniert, ist eine einwandfrei auf- und eingestellte Antennenanlage notwendig. Leider vergessen gerade viele Einsteiger die enorme Wichtigkeit dieser Antennenanlage. Oft wird dieser nicht die notwendige Aufmerksamkeit zuteil bei der Einrichtung bzw. beim Aufstellen und Anschließen, was aber unbedingt notwendig ist.

Handelt es sich um ein reines Empfangsgerät, für das eine Antenne aufgestellt und angeschlossen wird, ist im schlimmsten Fall der Empfang schlecht oder gar nicht vorhanden. Handelt es sich jedoch um eine Funkanlage mit Sendeeinrichtung, besteht zusätzlich die Gefahr einer Zerstörung der Sendeendstufe, wenn ein Funkgerät an einer nicht ordnungsgemäß aufgebauten und eingestellten Antennenanlage im Betrieb genommen bzw. damit gesendet wird. Dies sollten Sie sich immer wieder vor Augen führen, wenn Sie an die Aufstellung und Einstellung einer solchen Antennenanlage gehen. Das gilt übrigens für die einfache Magnetfußantenne auf dem

Autodach ebenso wie für die Aufstellung einer stationären Antenne am bzw. auf dem Haus oder auch im Garten.

Achten Sie bei der Aufstellung und späteren Inbetriebnahme der Antennenanlage insbesondere auf folgende Dinge:

- **Wichtig:** Wenn Sie zur Miete wohnen, fragen Sie als Erstes unbedingt Ihren Vermieter, ob Sie überhaupt eine solche meist sehr lange Antenne aufstellen dürfen.
- Eine Antenne für eine Heimstation muss unbedingt an einem gut verankerten und befestigten Antennenmast angebracht werden. Denken Sie dabei auch an Stürme oder Unwetter, denen die Antenne samt Aufstellung standhalten muss.
- Wird eine solche Antenne mit einer Länge von deutlich mehr als fünfeinhalb Metern zum Beispiel durch einen Sturm umgehauen, kann sie dabei erheblichen Schaden an anderen Gebäuden, an Personen oder Anfahrtswegen anrichten. Ihre Versicherung wird sich freuen.
- Denken Sie bei der Aufstellung einer Antenne im Garten oder bei der Befestigung am Haus auch an eine Erdung, damit im Falle eines Blitzeinschlages kein größerer Schaden am Haus entstehen kann.
- Bevor Sie sich für einen Aufstellort für die Antenne einer Heimstation entscheiden, testen Sie nach Möglichkeit mit einer provisorisch aufgestellten Antenne oder mit einer Handfunke aus, ob an dieser Stelle sehr starke Störungen des Funkbetriebs zu erwarten sind, etwa durch andere elektronische Einrichtungen in unmittelbarer Nähe, durch massive Metallgegenstände oder Sonstiges. Bereits wenige Meter können maßgeblich zwischen guten und schlechten Empfangsbedingungen unterscheiden.

- Verwenden Sie nach Möglichkeit eine Antenne mit ausreichender Länge, am besten eine so genannte 1/2 oder 5/8 Lambda-Antenne. Solche Antennen bieten sehr gute Abstrahlungswinkel und bei richtiger Aufstellung und Einstellung der Stehwelle auch entsprechend hohe Reichweiten.
- Manche Einsteiger verwenden als Alternativen auch so genannte Bumerang-Antennen. Diese sind von der Reichweite her etwas schlechter als die langen Stationsantennen mit mehr als fünfeinhalb Metern Länge. Sie können aber bei schlechten Platzverhältnissen oder bei sehr eingeschränkten Aufbaumöglichkeiten (zum Beispiel auf einem Balkon) als Alternativen eingesetzt werden.
- Die Kabelverbindung von der Antenne zum Funkgerät sollte vor der Inbetriebnahme der Anlage unbedingt auf Kurzschlüsse hin überprüft werden. Ein einfaches Multimeter aus dem Baumarkt mit Durchgangsprüfer reicht hierfür vollkommen aus.
- Verwenden Sie am besten hochwertiges und für den Funkbetrieb geeignetes Antennenkabel (RG 58 oder RG 213, auf die entsprechende Bezeichnung auf den Kabeln achten) sowie vernünftige Antennenstecker, die in der Regel angelötet werden müssen. Dies gilt sowohl für eine mobile Antenne am Fahrzeug (die beispielsweise in den Kotflügel oder in das Dach des Fahrzeuges eingebaut wird) als auch für eine Antenne für eine Feststation zuhause.
- Wenn Sie eine Mobilantenne in das Fahrzeugdach oder in die Kotflügel einbauen möchten, achten Sie unbedingt auf eine gute Masseverbindung. Ohne diese lässt sich die Stehwelle nicht richtig einstellen, dementsprechend ist auch ein vernünftiger Funkbetrieb nicht möglich.

- Der Fuß der Antenne muss unbedingt eine gut leitende Verbindung mit der Metallfläche des entsprechenden Karosserieteils am Fahrzeug haben.
- Sollten Sie Schwierigkeiten bei der Installation der Antenne oder der Verbindungsleitung haben, fragen Sie gegebenenfalls jemanden mit entsprechender Erfahrung, der Ihnen die Antennenstecker anlöten oder Ihnen bei der Einrichtung der Antenne helfen kann. Falls Sie bereits erste Kontakte zu anderen Funkern hergestellt haben (beispielsweise mithilfe einer Handfunke), finden Sie sicherlich jemanden, der Ihnen hierbei gerne hilft.

Achten Sie unbedingt auf eine gute Qualität der Antenne und eine korrekte Aufstellung und Einstellung der gesamten Antennenanlage. Diese ist eine wichtige Voraussetzung für den späteren Funkbetrieb sowie gute Reichweiten.

2.4 Was es mit der Stehwelle auf sich hat

Nicht ohne Grund soll bereits an dieser Stelle des Buches auf das Thema Stehwelle und deren korrekte Einstellung eingegangen werden. Dies hat gleich mehrere Gründe. Ohne die korrekte Einstellung der Stehwelle laufen Sie Gefahr, Ihr Gerät beim Sendebetrieb zu beschädigen, außerdem kommen Sie im wahrsten Sinne des Wortes nicht weit, da weder ein vernünftiger Sendebetrieb möglich noch der Empfang besonders gut ist. Um die Wichtigkeit der korrekten Stehwelleneinstellung zu verstehen, muss an dieser Stelle etwas genauer auf das Thema eingegangen werden. Sollte Sie das Thema Stehwelle (zumindest in der Theorie) nicht besonders interessieren, beschränken Sie sich einfach auf die Art und Weise, wie die Stehwelle eingestellt werden muss. Hierzu finden Sie einen separaten Abschnitt.

Wenn von der Stehwelle die Rede ist, meint man in der Regel das so genannte Stehwellenverhältnis. Oft wird hier auch die Abkürzung SWR angegeben. Sie steht für den englischsprachigen Begriff „standing wave ratio“. Es handelt sich hierbei um das Verhältnis der vom Funkgerät abgegebenen Sendeleistung zur reflektieren Sendeleistung. Doch was hat es damit eigentlich auf sich? Dazu ein paar Erläuterungen:

- Beim Sendebetrieb gibt das Funkgerät Sendeenergie ab. Diese sollte im Idealfall komplett über eine Antenne abgestrahlt werden. Dann ist auch die Reichweite am besten.
- In der Praxis ist es aber so, dass ein (normalerweise nur sehr geringer) Anteil der Sendeenergie wieder reflektiert wird, also quasi wieder zurück zum Funkgerät gelangt.
- Je höher die reflektierte Sendeleistung ist, desto mehr davon muss in Wärme umgewandelt, also quasi verbraten werden. Als Folge wird die Sendeendstufe des Funkgerätes stark belastet, im schlimmsten Fall sogar überlastet.
- In der Endstufe wird beim Senden ohnehin schon Wärme erzeugt, zusammen mit der durch die reflektierte Sendeleistung erzeugte Verlustenergie in Form von Wärme kann dies sehr schnell zu einer starken Überlastung der Sendeendstufe führen.

Wie Sie schon erfahren haben, wird im Idealfall die Sendeleistung komplett über die Antenne abgestrahlt und verbraucht. Die elektromagnetischen Wellen (quasi die Funkwellen) werden somit über den Äther abgegeben und können von den in Reichweite befindlichen Funkgeräten empfangen werden. Es ist praktisch so wie bei einem Radioempfang, der ebenfalls durch einen Radiosender abgestrahlte Energie wieder in Töne umwandelt. Damit das einwandfrei funktioniert, muss die Antenne im Idealfall einen Abschluss der Sendestrecke bilden. Nur dadurch kann die maximale Sendeleistung über den Äther abgegeben werden.

Wie Sie möglicherweise schon einmal gehört haben, bestehen Funkwellen aus wellenförmigen Signalen (daher auch der Begriff Funk**wellen**). Diese gelangen beim Sendebetrieb vom Funkgerät zunächst auf ein Kabel (das Antennenkabel). Dieses Kabel bildet einen gewissen Widerstand für die Funkwellen. Man bezeichnet diesen Widerstand häufig auch als die Impedanz. Bei standardmäßigen CB-Funkgeräten liegt diese Impedanz bei 50 Ohm. Die Impedanz muss über den gesamten Abstrahlweg (also Antennenstecker, Antennenkabel und Antenne) mit der des Funkgerätes übereinstimmen.

Kommt es zu einer Abweichung auf diesem Weg, werden die Funksignale reflektiert. Es kommt zu einer Überlagerung der gesendeten und der zurückgeworfenen (reflektierten) Funkwellen. Diese Stellen werden auch als Stehwellen bezeichnet. In der Praxis gibt es mehrere mögliche Situationen:

- Im ersten Fall spricht man von einer offenen Leitung. Am Funkgerät ist keine Antenne angeschlossen, welche die Sendeenergie aufnehmen könnte. Dieser Umstand wirkt wie ein unendlich hoher Widerstand für die Sendeendstufe. Als Folge werden die gesamten Funkwellen reflektiert. Dadurch kann auch die Sendeendstufe zerstört werden. **Sie dürfen mit einem Funkgerät also keinesfalls ohne Antenne senden**.
- Die zweite Möglichkeit ist eine Leitung mit einem Kurzschluss. Auch hier handelt es sich um eine sehr gefährliche Situation für die Sendeendstufe. Es kann keine elektrische Spannung aufgebaut werden, der Stromfluss

steigt in die Höhe. Auch hier wird in der Regel der Sender beschädigt. **Vermeiden Sie also unbedingt einen Kurzschluss in der Sendeleitung bzw. Antennenanlage**.

- Beim Idealbetrieb wird die gesamte Sendeleistung über eine optimal abgeschlossene Leitung in Form einer korrekt aufgebauten und eingemessenen Antennenanlage abgegeben. Die gesamte Sendeleistung gelangt über die Antennenleitung an die Antenne und wird von dieser komplett abgestrahlt. Geringe Verluste gibt es natürlich auch hier (beispielsweise durch Übergangswiderstände an den Steckverbindungen oder Ähnliches). Allerdings sind diese nur sehr gering und für die Praxis nicht relevant.
- Viele der externen Antennenanlagen bilden keine ideal abgeschlossenen Leitungen. Die Impedanz der Antennenanlage entspricht also nicht hundertprozentig der des Funkgerätes. Die Sendeleistung wird zu einem geringen Teil reflektiert. Diesen Anteil gilt es jedoch durch die Einstellung der Stehwelle möglichst gering zu halten. Es entsteht so eine Sendeanlage, die nicht ganz ideal arbeitet, aber zufriedenstellend.

Wodurch wird nun aber die Stehwelle beeinflusst? Eine der wichtigsten Größen ist die Antennenlänge. Über die Veränderung der Antennenlänge wird häufig auch die Stehwelle eingestellt. Doch dazu mehr im Abschnitt über deren Einstellung. Auch einige andere Dinge haben Einfluss auf die Stehwelle, darunter die Qualität der Verbindungen vom Funkgerät zur Antenne (Steckverbindungen, Lötanschlüsse, Kabelbeschädigungen usw.). So können beispielsweise Kontaktprobleme die Stehwelle negativ beeinflussen, ein wichtiger Punkt bei der Fehlersuche, wenn sich die Stehwelle nicht richtig einstellen lässt.

Die Stehwelle wird aber auch durch äußere Einflüsse verändert. Gegenstände aus Metall in unmittelbarer Nähe der Antenne können zum Beispiel deren Einstellung negativ beeinflussen. Dazu gehören Stromkabel, Regenfallrohre, Metallbeschichtungen oder sonstiges. Die Ausrichtung und Position der Antenne spielt ebenfalls eine sehr große Rolle. Sie sehen also, die Stehwelle bzw. das Stehwellenverhältnis ist keinesfalls eine feste Größe, die einmal eingestellt immer konstant bleibt. Die eben genannten Faktoren sind nur einige Beispiele für mögliche Beeinflussungen.

2.5 Die richtige Einstellung der Stehwelle vornehmen

Ein optimal eingestelltes Stehwellenverhältnis liegt bei 1 : 1. Ein Stehwellenmessgerät würde in diesem Fall einen Wert von 1,0 anzeigen. Der Zeiger würde also praktisch gar nicht ausschlagen. Nun folgen jedoch einige Worte zur Funktion eines solchen Messgerätes für alle, die es interessiert:

Es handelt sich um ein spezielles Messgerät, das dazu dient, die Energiemenge der hochfrequenten Wellen (quasi die Funkwellen) getrennt nach deren Flussrichtung zu erfassen. Das Messgerät kann sowohl die vom Funkgerät ausgesendeten als auch die reflektierten Funkwellen erfassen und somit Rückschlüsse auf das Stehwellenverhältnis ermöglichen, wobei es ja letzten Endes um genau dieses Verhältnis geht. Es eignet sich also sehr gut dafür, eine Antennenanpassung vorzunehmen. Wie Sie schon erfahren haben, liegt eine optimale Anpassung der Antenne bei einem Wert von 1,0 vor. Doch wie misst dieses Messgerät eigentlich das

Stehwellenverhältnis bzw. wie wird es festgestellt? In der Abbildung 2.5.1 ist das Schaltbild eines Stehwellenmessgerätes zu sehen.

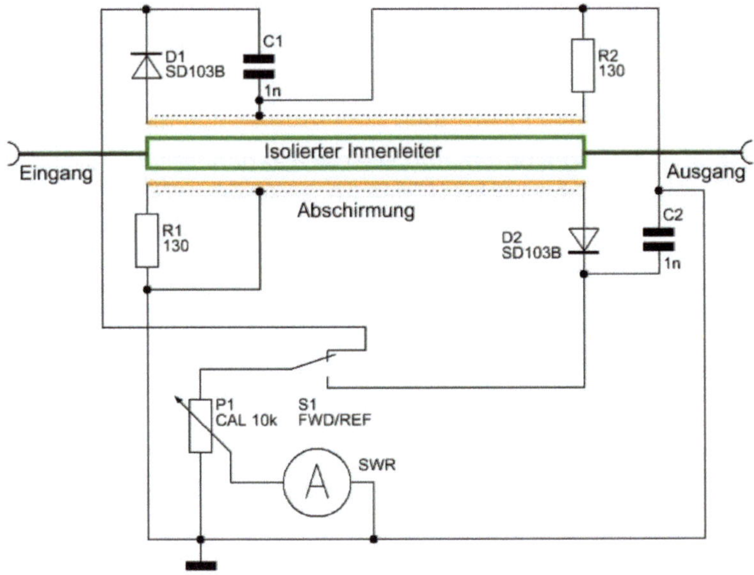

2.5.1 Schaltbild eines Stehwellenmessgerätes

Auf der linken Seite befindet sich der Eingang des Messgerätes, der mit dem Antennenanschluss des Funkgerätes verbunden wird. Rechts befindet sich der Ausgang, an dem die Antenne angeschlossen werden muss. Ohne angeschlossene Antenne ist natürlich keine Messung möglich. Was geschieht nun während der Messung?

- Das Messgerät wird zunächst auf die Schalterstellung „FWD“ eingestellt. FWD heißt hier so viel wie „forward“, also vorwärts. In dieser Schalterstellung erfolgt die so genannte Kalibrierung des Messgerätes. Mithilfe eines Potentiometers wird das Messgerät beim Sendebetrieb des Funkgerätes auf einen bestimmten Wert eingestellt, in diesem Fall das rechte Ende der Skala mit der Aufschrift „Set".

- Nun wird der Schalter auf die Schalterstellung „REF" (reflect) geschaltet, so dass die auf der anderen Seite der Schaltung gemessene Signalstärke festgestellt werden kann. Hierbei handelt es sich um die Sendeenergie, die von der Antennenanlage reflektiert wird, also wieder zurück zum Funkgerät gelangt. Diese sollte so gering wie möglich sein.
- Das Messgerät schlägt nun beim Sendebetrieb ebenso aus, allerdings sollte dieser Wert natürlich so gering wie möglich sein. Je weniger der Zeiger ausschlägt, desto besser. Deswegen befindet sich am linken Ende der Skala auch der Wert 1,0, also der optimale Wert.

Bei dieser Schaltung handelt es sich um einen so genannten Richtkoppler. Fließt über eine Leitung ein hochfrequentes Sendesignal, kann dessen Stärke über zwei parallel verlaufende Leitungen gemessen werden, und zwar abhängig von der jeweiligen Beschaltung dieser beiden parallel verlaufenden Leitungen entweder in die eine oder in die andere Richtung. Dazu erfolgt die Beschaltung mit den Widerständen bzw. Dioden jeweils seitenverkehrt, wie Sie im Schaltbild in der Abbildung 2.5.1 gut erkennen können. In der Abbildung 2.5.2 sehen Sie übrigens das Innere eines solchen Messgerätes. Die Messleitung in Form des Richtkopplers wurde hier mithilfe einer gedruckten Schaltung aufgebaut, wobei die mittlere und zig-zag verlaufende Leiterbahn quasi die Messstrecke darstellt. Gut zu sehen sind die darüber und darunter verlaufenden Parallelleitungen, die zum Abgriff der Messsignale dienen. Die Widerstände, Dioden und Kondensatoren im Schaltbild sind auf der Bestückungsseite der Platine zu finden. Die Messstrecke sollte übrigens je nach Wellenlänge eine bestimmte Länge haben. Aus Gründen der Platzersparnis wurde deshalb die Messstrecke zum

Erreichen der notwendigen Mindestlänge derartig verlaufend angelegt.

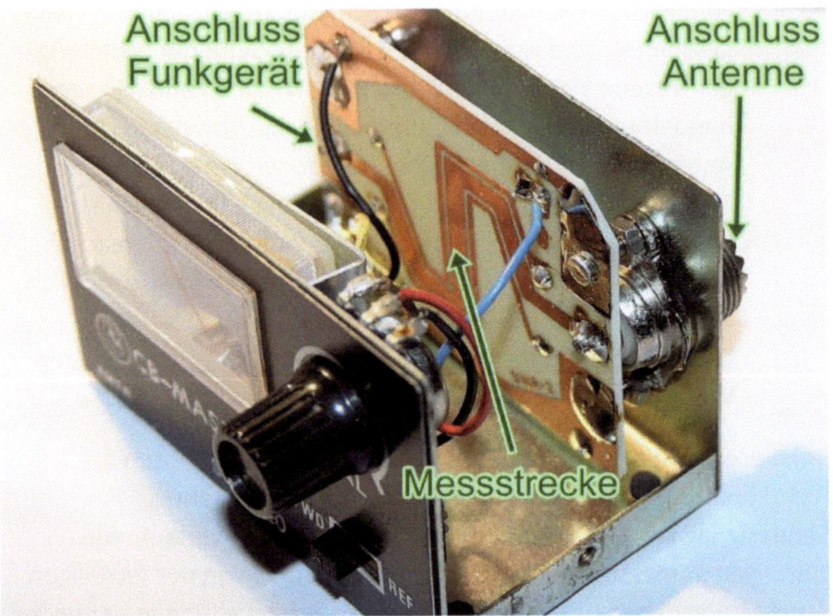

2.5.2 Ein Stehwellenmessgerät und sein Innenleben

Die jeweils gegenüberliegenden Enden der beiden Messleitungen sind einerseits mit einem Abschlusswiderstand versehen, andererseits mit einer Diode, die hier als Einweggleichrichter dient, so dass am Messgerät eine Gleichspannung angezeigt werden kann. Die Messung einer solchen Spannung erfolgt also zunächst in die Senderichtung und anschließend in die Richtung der reflektierten Sendewellen. Theoretisch könnte man ein solches Messgerät mithilfe eines empfindlichen Drehspulmesswerks, der entsprechenden Bauteile und einem Stück Koaxkabel sogar selbst aufbauen.

2.6 Die Stehwelleneinstellung in der Praxis

Die Messung und Einstellung der Stehwelle erfolgt in mehreren Schritten, wobei die Schritte der Einstellung der Antenne und der anschließenden Messung gegebenenfalls mehrfach wiederholt werden müssen. Hier sind die wesentlichen Arbeitsschritte:

- Zunächst muss das Messgerät in die Antennenleitung geschaltet werden, also zwischen das Funkgerät und die Antenne. Sie benötigen dazu ein kurzes Verbindungskabel vom Funkgerät zum Messgerät, auf der anderen Seite wird die Antenne angeschlossen.
- Der Schalter am Messgerät wird nun auf „FWD" eingestellt, die Sendetaste wird anschließend gedrückt. Mithilfe des Potentiometers stellen Sie das Messgerät auf das rechte Ende der Skala mit der Aufschrift „Set" ein. Nun ist das Messgerät bereit zur Anzeige des aktuellen Stehwellenverhältnisses. Es ist also quasi geeicht.
- Anschließend müssen Sie den Schalter auf „REF" umschalten. Der Zeiger sollte nun möglichst weit zurückgehen oder im Idealfall so gut wie gar nicht mehr ausschlagen. Auf der linken Seite der Skala sehen Sie den Wert 1,0, welcher den Idealwert darstellt.
- Geht der Wert noch zu weit hoch, muss eine Einstellung an der Antenne vorgenommen werden. Wie dies funktioniert, richtet sich nach der Art der Antenne und der Möglichkeit der Einstellung. Häufig muss zum Beispiel ein Drehring eingestellt werden. Oft erfolgt die Einstellung der Stehwelle auch durch die Verlängerung oder Verkürzung des Antennenstabes mithilfe eines herausziehbaren und einschiebbaren

Antennenelementes. Sehen Sie sich dazu auch die Abbildung 2.6.1 an.

- Nach der probeweisen Anpassung der Antennenlänge oder der anderen Einstellmöglichkeiten wird die Messung erneut durchgeführt.
- Stimmt der Wert immer noch nicht, muss eine erneute Anpassung mit anschließender Messung vorgenommen werden. Ist der Wert dagegen in Ordnung (so gering wie möglich), ist die Einstellung der Stehwelle soweit abgeschlossen.

2.6.1 Eine Antenne durch Verschieben eines Antennenelementes einstellen

Geht der SWR-Wert auf etwa 1,2 oder 1,5 hoch, ist dies noch kein Problem. Erst ab Werten ab etwa 2,0 besteht Handlungsbedarf. Viele Messgeräte besitzen auch einen rot markierten Bereich auf der Skala, der oft ab Werten ab etwa 3,0 beginnt. Bis in diesen Bereich sollte das Messgerät nach Möglichkeit gar nicht ausschlagen. Falls dies doch der Fall sein sollte, betätigen Sie die Sendetaste immer nur so kurz wie möglich und nehmen Sie die Einstellung der Stehwelle so bald wie möglich vor. Vermeiden sollten Sie auch einen Dauerbetrieb des Gerätes bei einem Stehwellenwert oberhalb von 2,0. Generell gilt: Je geringer der Wert ist, desto besser.

Je nach Art der Antenne erfolgt die Einstellung auf unterschiedliche Art und Weise. Bei der Stationsantenne in Abbildung 2.6.1 wird das oberste Antennenelement verschoben, bis die Stehwelleneinstellung stimmt. Befestigt wird das Antennensegment dann mit einer Schelle. In Abbildung 2.6.2 sehen Sie zwei Stäbe von Magnetfußantennen, bei denen der Antennenstab bzw. ein Teil des Antennenstabes nach dem Lösen einer Überwurfmutter (1 in der Abbildung) oder einer Madenschraube (2 in der Abbildung) verschoben und das Stehwellenverhältnis dadurch korrigiert werden kann. Bei der Antenne unten in der Abbildung wird dazu quasi der komplette Antennenstab verschoben, bei der kleineren Antenne oben in der Abbildung lediglich das obere Endstück des Antennenstabes. **Wichtig:** Bei der anschließenden Messung des Stehwellenverhältnisses darf keinesfalls der Antennenstab berührt werden. Das gilt natürlich immer bei der Einstellung der Stehwelle und der jeweiligen Messung.

Eine Mobilantenne oder eine Magnetfußantenne sollte zur Einstellung der Stehwelle am besten an der vorgesehenen Stelle angebracht sein. Soll eine Magnetfußantenne zum Beispiel (probeweise) zuhause verwendet werden, sollten Sie diese auf eine ausreichend große und magnetische Metallfläche stellen (dazu können Sie sehr gut ein größeres Backblech verwenden).

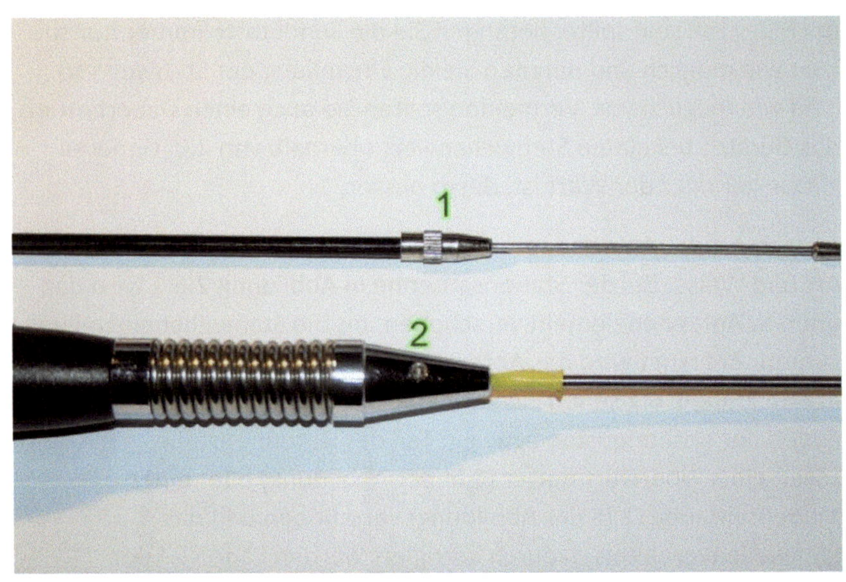

2.6.2 Antenneneinstellung bei einer Mobilantenne

2.7 Auf welchem Kanal die Stehwelle einstellen?

Am besten sollte die Einstellung der Stehwelle auf dem Kanal vorgenommen werden, der am häufigsten verwendet wird. Gibt es keinen solchen Kanal, wählen Sie am besten einen Kanal in der Mitte des Frequenzbandes. Handelt es sich um ein Funkgerät mit 40 Kanälen, ist dies der Kanal 20. Besitzen Sie ein Gerät mit 80 Kanälen, ist es der Kanal 1. Eine Einstellung, bei der das Stehwellenverhältnis auf allen Kanälen gleich bzw. optimal ist, gibt es nicht. Das hängt damit zusammen, dass das Stehwellenverhältnis abhängig von der Impedanz der Antennenanlage und diese wiederum abhängig von der Sendefrequenz ist. Wundern Sie sich also nicht, wenn Sie nicht auf allen Kanälen ein ideales Stehwellenverhältnis von 1,0 (eigentlich heißt es 1 : 1) haben. Dies ist aber auch gar nicht notwendig. Hier sind noch ein paar Hinweise zum Zusammenhang des Stehwellenmesswertes mit dem jeweiligen Kanal:

- Ist der Stehwellenmesswert auf Kanal 40 (höchste Frequenz = 27,405 MHz) in Ordnung und auf Kanal 41 (niedrigste Frequenz) zu hoch, ist die Antenne zu kurz. Der Antennenstab bzw. ein dafür vorgesehenes Segment muss dann ggf. etwas herausgezogen werden.
- Ist es genau umgekehrt (Kanal 41 noch in Ordnung, Kanal 40 zu hoch), muss die Antennenlänge etwas gekürzt werden. Hierfür ist zum Beispiel ein Antennensegment etwas hineinzuschieben. Bei manchen Antennen muss sogar der Stab etwas abgeschnitten werden (aber vorsichtig und nur in sehr kleinen Stücken).

Anmerkung: Die Frequenz ist nicht analog zu den Kanälen bei Kanal 1 am niedrigsten, wie Sie möglicherweise vermuten. Mehr zum Thema Kanäle und Frequenzen können Sie weiter hinten in diesem Kapitel nachlesen.

2.8 Wenn sich der Wert nicht richtig einstellen lässt

Kann die Einstellung der Stehwelle gar nicht richtig vorgenommen werden bzw. erhalten Sie keinen akzeptablen Wert, sollten Sie auf Fehlersuche gehen. Überprüfen Sie zunächst, ob sämtliche Steckverbindungen in Ordnung sind und ob es nirgendwo einen Wackelkontakt, einen Kabelbruch, eine gequetschte Leitung oder eine sonstige Beschädigung der Antennenleitung gibt. Überprüfen Sie zur Not auch die Antennenleitung auf einen Kurzschluss, beispielsweise mit einem einfachen Multimeter. Aber auch äußere Einflüsse können das Stehwellenverhältnis negativ beeinflussen, darunter massive Metallgegenstände wie Metallrohre, Drahtgitter, parallel zur Antennenleitung verlaufende Stromkabel, Geländer oder Mauern mit Stahlbeton. Auch Dachrinnen oder Regenfallrohre stellen mögliche Fehlerquellen dar. Ist die Antennenanlage in Ordnung, müssen Sie gegebenenfalls darüber nachdenken, die Antenne an einer anderen Stelle anzubringen. Sinnvoll ist es gegebenenfalls, probeweise eine andere Antenne zu verwenden, wenn möglich.

Die korrekte Einstellung der Stehwelle ist eine wichtige, dafür aber auch oft eine Geduld erfordernde Angelegenheit. Manchmal ist es notwendig, die Abstimmung auch zwischendurch neu vorzunehmen, beispielsweise bei einer Änderung an der Antennenanlage. Häufig muss man viel herumprobieren, um einen optimalen Wert zu erhalten. Die schlechteste Lösung ist es aber sicherlich, überhaupt keine Einstellung vorzunehmen und die Antenne einfach anzuschließen, ohne überhaupt einen aktuellen Wert des Stehwellenverhältnisses zu haben. Im schlimmsten Fall wird dadurch auch das Funkgerät beschädigt. Die Überprüfung der Stehwelle dient nicht zuletzt auch dazu, den korrekten Aufbau und die korrekte Funktion der gesamten Antennenanlage zu kontrollieren.

2.9 Eine CB-Funkanlage mit geeigneter Stromversorgung

In der Abbildung 2.9.1 sehen Sie die Komponenten, die für den Einstieg in den CB-Funk mithilfe einer Mobilstation für das Auto notwendig sind. Neben dem Funkgerät und der Antenne (der Einfachheit halber wird oft eine Magnetfußantenne verwendet) sehen Sie noch das Stehwellenmessgerät und ein kurzes Verbindungskabel mit zwei PL-Steckern. Dieses Messgerät samt Verbindungskabel wurde ganz bewusst mit in die Startausrüstung aufgenommen, was oft jedoch vergessen wird. Da kaufen sich viele Einsteiger ein Funkgerät mit Antenne, nehmen es per Plug and play in Betrieb und wundern sich dann, wenn sie keine Reichweite beim Funken haben und der Empfang extrem schlecht ist. Planen Sie also bereits bei der Anschaffung der für den Einstieg notwendigen Komponenten die eines Stehwellenmessgerätes mit Verbindungskabel ein. Es lohnt sich auf jeden Fall. Nun aber zurück zu der Startausrüstung in der Abbildung, die natürlich nur ein Beispiel darstellt.

Wie Sie sehen, wurde am Funkgerät bereits ein Stecker für den Zigarettenanzünder angeschlossen. Dieser soll dazu dienen, den Stromanschluss auf möglichst einfache (und sichere) Weise herzustellen. Manche Menschen schreckt es ab, gleich ein Stromkabel von der Fahrzeugbatterie zum Funkgerät zu verlegen in der (begründeten) Angst, etwas falsch zu machen. Sollten Sie sich dennoch an dieses Vorhaben wagen, verwenden Sie unbedingt ein Kabel mit ausreichendem Querschnitt (ab etwa $4mm^2$) und bauen Sie in unmittelbarer Nähe der Autobatterie auf jeden Fall einen Sicherungshalter mit einer Sicherung (zum Beispiel 10 Ampere) ein, damit im Falle eines Kurzschlusses nicht das ganze Kabel (und gegebenenfalls auch das Auto) abbrennt.

2.9.1 Ein Mobilfunkgerät einbaufertig mit Zubehör

Der Stecker muss allerdings korrekt an das Funkgerät bzw. an dessen Stromkabel angelötet werden. Mehr Informationen zum Anschluss eines solchen Steckers finden Sie in der Abbildung 2.9.2. Wenn Sie den Anschluss selbst vornehmen möchten, achten Sie unbedingt darauf, dass ein Sicherungshalter samt Sicherung in der Stromzuleitung zum Funkgerät eingesetzt ist. Bei einem neuen Funkgerät sollte dieser Sicherungshalter standardmäßig vorhanden sein. Beim Anschluss des Steckers ist unbedingt auf die richtige Polarität zu achten. Das rote Kabel wird mit dem Pluspol des Steckers (siehe Abbildung) verbunden, das schwarze Kabel mit dem Minuspol (die beiden Klammern an den Seiten des Steckers). Wenn Sie das Gerät im Auto in Betrieb nehmen wollen, sollten Sie die Verwendung von Mehrfachadaptern bzw. Steckdosen für Autos vermeiden. In der

Praxis hat sich gezeigt, dass zusätzlich zum Funkgerät an einem Zigarettenanzünder angeschlossene Verbraucher oft Störungen im Funkgerät verursachen. Dazu gehören beispielsweise Ladekabel für Handys, Navigationsgeräte, Kühlboxen oder andere Geräte. Außerdem kann durch den Anschluss mehrerer Verbraucher sehr schnell die maximal zulässige Stromstärke des Anschlusses im Fahrzeug überschritten und der Stromanschluss überlastet werden.

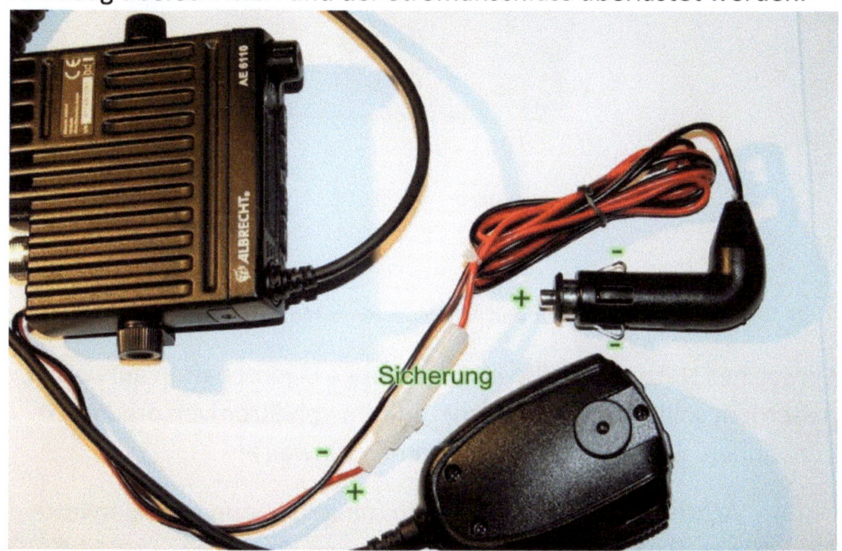

2.9.2 Stromanschluss für den Zigarettenanzünder

Möchten Sie eine Mobilstation daheim einsetzen, benötigen Sie eine geeignete Stromquelle. Eine Autobatterie möchten Sie sich sicherlich nicht ins Zimmer stellen. Sie brauchen dafür ein geeignetes Netzgerät, wie eines in der Abbildung 2.9.3 zu sehen ist.

2.9.3 Netzteil für den Anschluss eines Mobilfunkgerätes

Ein solches Netzgerät sollte einige wichtige Eigenschaften aufweisen, außerdem sollten Sie nur geeignete Arten von Stromversorgungen verwenden. Beachten Sie dazu folgende Hinweise:

- Achten Sie auf die richtige Ausgangsspannung. Idealerweise hat das Netzteil eine Ausgangsspannung in Höhe von 13,8 Volt.
- Die maximale Stromstärke sollte ausreichend sein für die Stromversorgung des Funkgerätes und eventuell zusätzlich angeschlossenen Zubehörs. Ein handelsübliches CB-Funkgerät mit bis zu 4 Watt Sendeleistung benötigt etwa 2 bis 4 Ampere. Handelt es sich um ein Gerät mit mehr Sendeleistung, ist das Netzteil entsprechend stärker auszuwählen. Generell gilt: lieber etwas mehr als zu wenig. Wird nur das Funkgerät angeschlossen, reicht ein Netzgerät mit etwa 3 bis 5 Ampere an maximaler Stromstärke aus.

- Sie sollten darauf achten, dass es sich um ein stabilisiertes Netzgerät mit möglichst konstanter Ausgangsspannung handelt. Sie vermeiden dadurch ein unangenehmes Netzbrummen und sorgen für eine sichere Stromversorgung Ihres Funkgerätes. Verwenden Sie keinesfalls einfach ein Kfz-Ladegerät oder Ähnliches. Achten Sie auf einen Aufdruck bzw. eine Bezeichnung wie „Regulated DC Supply" oder dergleichen.
- Verwenden Sie auch für die Stromversorgung keine ungeeigneten Netzgeräte wie zum Beispiel kleine Steckernetzteile mit geringen Stromstärken, Trafos für die Modelleisenbahn oder Ladegeräte irgendwelcher Art, die sich nicht eignen und einen sicheren Betrieb der Geräte nicht möglich machen.
- Ungeeignete Stromversorgungen können den Funkbetrieb empfindlich stören, zum Beispiel durch starkes Netzbrummen beim Senden und beim Empfang. Das gilt besonders, wenn das Netzteil an seine Leistungsgrenze kommt. Außerdem können Sie im schlimmsten Fall das Funkgerät beschädigen.

2.10 Ein- bzw. Aufbau und Inbetriebnahme der Funkanlage

Der Stromanschluss der CB-Funkanlage sollte kein größeres Problem darstellen, wenn Sie die eben genannten Hinweise zur Stromversorgung der Anlage berücksichtigen. Etwas aufwendiger ist gegebenenfalls die korrekte Einstellung der Stehwelle. Zunächst sollten Sie die Antenne aufbauen bzw. an der gewünschten Stelle anbringen. Wie die Einstellung genau vorgenommen wird, hängt natürlich von der Bauart der Antenne ab. In der Regel geht es jedoch darum, die Antennenlänge im Bereich von einigen Zentimetern anzupassen, so dass die Stehwelle nachher richtig eingestellt ist. Die entsprechenden Einstellmöglichkeiten an solchen Antennen haben Sie bereits in einem der vergangenen Abschnitte kennengelernt.

Nun muss das Stehwellenmessgerät in die Antennenleitung zwischen Funkgerät und Antenne geschaltet werden. Meistens wird dies direkt hinter dem Funkgerät gemacht. Das heißt, die kurze Verbindungsleitung wird zwischen das Funkgerät und das Messgerät geschaltet, am Ausgang des Messgerätes erfolgt der Anschluss der Antenne. Die meisten Messgeräte besitzen dazu entsprechende Bezeichnungen der Antennenanschlüsse, beispielsweise XMTR und ANT oder ähnlich. Danach erfolgt die Einstellung der Stehwelle. Hier noch einmal eine kurze Beschreibung:

- Ist das Funkgerät mit dem Stehwellenmessgerät und der Antenne sowie der Stromversorgung verbunden und eingeschaltet, wählen Sie zunächst den Kanal, auf dem die Einstellung der Stehwelle vorgenommen werden soll. In der Regel handelt es sich hierbei um den Kanal in der Mitte des genutzten Frequenzbandes (siehe hierzu auch die Hinweise unter Punkt 2.7, Auf welchem Kanal die Stehwelle einstellen?).
- Haben Sie den entsprechenden Kanal gewählt, kann zunächst die momentane Einstellung überprüft werden. Dazu drehen Sie den kleinen Regler am Messgerät zunächst nach links, stellen den Umschalter am Stehwellenmessgerät auf „FWD“, drücken anschließend die Sendetaste und halten diese gedrückt.
- Jetzt drehen Sie den Drehregler am Messgerät so weit nach rechts, bis der Zeiger vom Messinstrument auf die Position

„Set" zeigt. In der Regel befindet sich diese Position am rechten Ende der Skala. Jetzt lassen Sie die Mikrofontaste wieder los.

- Stellen Sie den Umschalter am Messgerät jetzt auf „REF" und drücken Sie anschließend die Sendetaste. Nun wird der momentane Messwert angezeigt, der so gering wie möglich sein sollte. Handeln sollten Sie auf jeden Fall, wenn der Wert höher als etwa 2,0 ist. Schlägt der Zeiger bis in den roten Bereich aus, lassen Sie die Sendetaste möglichst schnell wieder los, um die Sendeendstufe nicht unnötig zu belasten.

Sollte eine Korrektur bzw. Einstellung der Antenne notwendig sein, können Sie diese gemäß den Hinweisen unter Punkt 2.6 vornehmen. Stimmt das Stehwellenverhältnis soweit und haben Sie das Funkgerät vernünftig eingebaut oder am gewünschten Platz aufgestellt, ist die Anlage im Prinzip betriebsbereit. Sie können nun das Stehwellenmessgerät abklemmen und die Antenne direkt mit dem Anschluss des Funkgerätes verbinden.

Noch eine Zusatzinfo zum PL-Stecker: Der PL-Stecker heißt eigentlich UHF-Stecker. UHF steht hierbei für „**U**ltra **H**igh **F**requency". Es handelt sich um so genannte Koaxial-Steckverbinder für Antennenleitungen. Eingesetzt werden diese Steckverbindungen für Antennenanlagen mit Frequenzen von bis zu etwa 300 MHz. Der im CB-Funk häufig gebrauchte Name PL-Stecker kann auf die beim US-Militär gebrauchte Bezeichnung PL259-Plug zurückgeführt werden. Es gibt übrigens zahlreiche Adapter und verschiedene Ausführungen des PL-Steckers. Eingesetzt werden Adapter beispielsweise zum Anschluss einer stationären Antenne an ein Handfunkgerät oder Ähnliches.

2.11 Die Modulationsart (AM, FM und SSB/USB)

Wenn Sie mit dem CB-Funk beginnen möchten, treffen Sie meist innerhalb kurzer Zeit auf ersten Fachbegriffe wie etwa AM, FM oder sogar SSB und USB (SSB und USB aber wahrscheinlich nicht sofort). Hierbei handelt es sich um die so genannten Modulationsarten, mit denen Funkgeräte (im Prinzip natürlich auch andere Senderarten) Funksignale ausstrahlen. Genauer gesagt geht es dabei um die Übertragung der in den Funkwellen enthaltenen Informationen, also der Sprache, die mithilfe des CB-Funks übertragen werden soll. Kommen wir zunächst zu den gängigsten Modulationsarten AM und FM. Hier sind einige wichtige Infos:

- **AM** steht für **Amplitudenmodulation**. Die Amplitude ist quasi der Ausschlag, also die Spannungsänderung einer ausgestrahlten Funkwelle. Bei dieser Modulationsart wird das so genannte Nutzsignal (in der Regel die Sprache) so auf den so genannten Träger aufgebracht (moduliert), dass sich die Amplitude der Funkwelle abhängig von der Sprache verändert. In der Anfangszeit des CB-Funks war dies die einzige Modulationsart, die zur Verfügung stand. Bekannt ist diese Modulationsart übrigens auch vom Radioempfang auf Lang-, Mittel- oder Kurzwelle.
- **FM** steht für **Frequenzmodulation**. Bei dieser Modulationsart wird nicht die Amplitude (also die Höhe) der Trägerwelle durch das Nutzsignal beeinflusst, sondern deren Frequenz. Die Modulation beeinflusst also in gewissen Grenzen die Trägerfrequenz bzw. dessen Höhe in Hertz, während die Amplitude konstant bleibt. Je stärker das Nutzsignal ist, desto höher ist auch die Beeinflussung der Trägerfrequenz. Bekannt ist Ihnen die Frequenzmodulation sicherlich vom Rundfunk

auf UKW. Die Frequenzmodulation ist etwas weniger anfällig gegenüber Störungen und erlaubt eine bessere Übertragungsqualität von Audiosignalen, was beim UKW-Rundfunk für die Musikübertragung von Vorteil ist.

Ein Bild sagt bekanntlich mehr als tausend Worte, deshalb sehen Sie in der Abbildung 2.11.1 eine schematische Darstellung, welche Ihnen die beiden unterschiedlichen Modulationsarten und deren Funktion verdeutlichen soll.

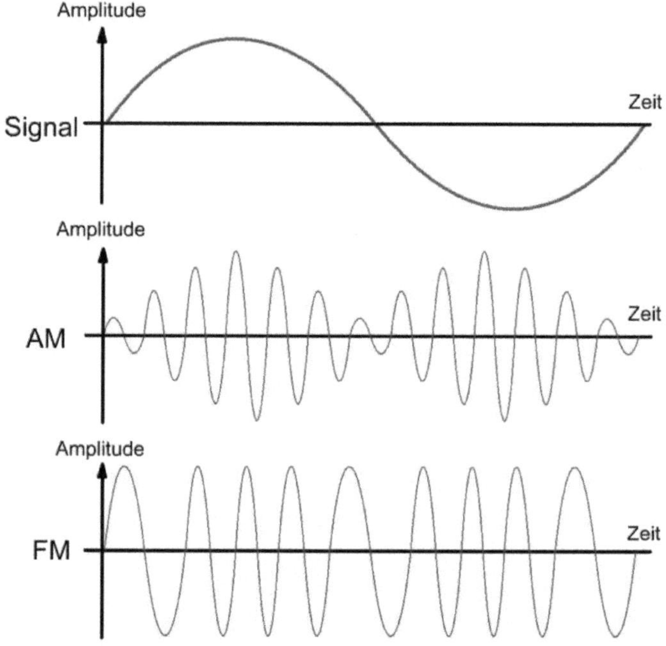

2.11.1 AM und FM als wichtigste Modulationsarten

Oben in der Abbildung sehen Sie das so genannte Nutzsignal, also das zu übertragende Audiosignal, hier in Form einer einfachen sinusähnlichen Welle zur Anschauung. Darunter sehen Sie das durch die Amplitudenmodulation AM beeinflusste Trägersignal. Sie können sehr gut erkennen, wie die Höhe des Signals (die Amplitude) durch das Nutzsignal beeinflusst wird. Im unteren Teil der Abbildung sehen Sie schließlich die Frequenzmodulation und die Beeinflussung des Trägersignals durch das Nutzsignal, hier allerdings ohne Veränderung der Amplitude. Dafür findet hier eine Veränderung der Trägerfrequenz in gewissen Grenzen statt. Sie können die beiden Modulationsarten so deutlich auseinanderhalten.

Die Abkürzung **SSB** steht für „**Single-Sideband Modulation**“, was so viel wie Einseitenbandmodulation heißt, abgekürzt ESB. Es handelt sich hierbei um eine ebenfalls im CB-Funk eingesetzte Modulationsart, die dafür bekannt ist, eine wesentlich höhere Reichweite zu haben, gleichzeitig mit einer wesentlich erhöhten erlaubten Senderleistung. Statt nur maximal 4 Watt für AM und FM dürfen CB-Funkgeräte in dieser Modulationsart Leistungen von bis zu 12 Watt haben. Die Einseitenbandmodulation nutzt im Gegensatz zu den beiden eben genannten Modulationsarten für das Trägersignal nur eines der so genannten beiden Seitenbänder, die sich oberhalb und unterhalb der Trägerfrequenz befinden können. Liegt das verwendete Seitenband oberhalb der Trägerfrequenz, spricht man vom „upper side band“, kurz USB. Liegt es unterhalb der Trägerfrequenz, spricht man vom „lower side band“, kurz LSB. Werden bei einer anderen Modulationsart wie beispielsweise AM beide Seitenbänder verwendet, enthalten diese jeweils die gleiche Information.

Beim CB-Funk kommt die Einseitenbandmodulation SSB als „single-sideband suppressed-carrier modulation“, kurz SSB-SC, zum Einsatz. Es handelt sich hierbei um eine spezielle Modulationsart, bei welcher keine kontinuierlich starke Sendung der Trägerwelle (Träger = Carrier, also unterdrückter Träger bzw. unterdrückter Trägerwelle) erfolgt. Der Vorteil bei dieser Modulationsart besteht darin, dass die Bandbreite der einzelnen Sendekanäle wesentlich effizienter genutzt werden kann, und das bei gleichzeitig erhöhter Sendeleistung und somit deutlich erhöhter Reichweite. Allerdings erfordert die Nutzung dieser Modulationsart auch eine sehr exakte Feinabstimmung des Funkgerätes und dadurch etwas Übung. Wenn Sie sich einige Zeit mit dieser Modulationsart und mit der Bedienung Ihres Gerätes beschäftigen, können Sie jedoch mithilfe von SSB bzw. USB und LSB enorme Reichweiten erzielen, und das ganz ohne die Verwendung eines Sendeverstärkers in Form häufig illegal genutzter Zusatzgeräte zum Erhöhen der Sendereichweite.

Gerade in den letzten Jahren kommt es immer häufiger zum Einsatz solcher Sendeverstärker (Omas), obwohl diese nach wie vor nicht beim CB-Funk eingesetzt werden dürfen. Häufig werden dann enorm hohe Sendeleistungen von bis zu deutlich mehr als 100 Watt „gefahren“, wie man dies in der Funksprache oft nennt. Allerdings sollte vom Einsatz solcher illegalen Mittel abgeraten werden, ebenso von der Modifizierung einiger Funkgeräte, beispielsweise zur Nutzung zusätzlicher Kanäle oder zum Erhöhen der Sendeleistung, was bei einigen Geräten möglich ist. Allerdings sollten Sie immer im Auge behalten, dass derartig modifizierte Geräte nicht verwendet werden dürfen bzw. deren Betrieb nicht mehr erlaubt ist.

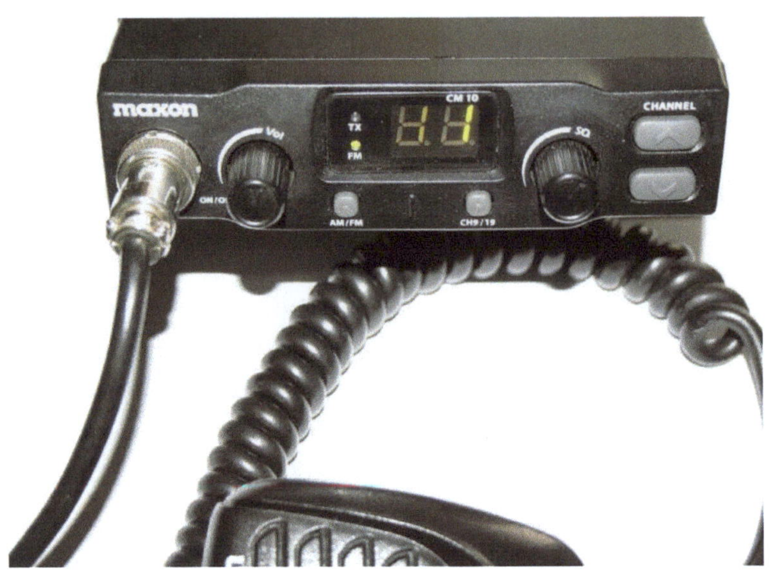

2.11.2 Einige Funkgeräte werden illegal modifiziert

2.12 Die Kanäle, Frequenzen und deren Bedeutungen

Wie bereits an einigen Stellen dieses Buches angedeutet, gibt es einige Kanäle beim CB-Funk, die quasi besondere Funktionen haben. Außerdem hat natürlich jeder Kanal eine bestimmte Frequenz. Genau darum soll es in diesem Teil des Buches gehen. Außerdem erfahren Sie noch, dass es unterschiedliche Ländernormen gibt. In verschiedenen Ländern Europas dürfen nur bestimmte Kanäle mit bestimmten Sendeleistungen verwendet werden. Dies ist zum Beispiel dann wichtig, wenn Sie ein CB-Funkgerät im benachbarten Ausland einsetzen möchten. Viele moderne Geräte besitzen dazu eine Umschaltmöglichkeit zwischen verschiedenen Ländernormen. Doch zunächst folgen einige Informationen zu den verschiedenen Kanälen.

Den Anfang machen die Kanäle 01 bis 40 im CB-Funk, die europaweit genutzt werden dürfen. Man spricht hier häufig auch von den so genannten CEPT-konformen CB-Kanälen. Die Buchstaben CEPT stehen übrigens für „Conférence Européenne des Administrations des Postes et des Télécommunications", was auf Deutsch soviel heißt wie „Europäische Konferenz der Verwaltungen für Post und Telekommunikation". Es handelt sich hierbei um eine Organisation für die Zusammenarbeit von verschiedenen Regulierungsbehörden aus europäischen Staaten mit Sitz in Kopenhagen.

Anschließend folgen noch die ausschließlich in Deutschland erlaubten Kanäle 41 bis 80, also quasi die nationalen Zusatzkanäle, auf denen nur die Modulationsart FM genutzt werden darf.

Kanal	Frequenz	Bemerkungen
01	26,965	Anrufkanal FM
02	26,975	DX-Verbindungen
03	26,985	
04	27,005	Anrufkanal AM
05	27,015	
06	27,025	Datenkanal (D)
07	27,035	Datenkanal (D)
08	27,055	
09	27,065	AM-Kanal für Lkw-Fahrer (D), Notrufkanal weltweit
10	27,075	
11	27,085	Zusammenschaltung mehrerer Funkgeräte über das Internet (D)
12	27,105	
13	27,115	
14	27,125	
15	27,135	Anrufkanal SSB
16	27,155	Funk mit u. zwischen Wasserfahrzeugen
17	27,165	
18	27,175	
19	27,185	als Fernfahrerkanal für FM empfohlen
20	27,205	Frequenzmitte bei 40-Kanal-Geräten
21	27,215	
22	27,225	
23	27,255	
24	27,235	Datenkanal (D)
25	27,245	Datenkanal (D)
26	27,265	
27	27,275	
28	27,285	
29	27,295	Zusammenschaltung mehrerer Funkgeräte über das Internet (D)
30	27,305	DX-Verbindungen
31	27,315	DX-Verbindungen
32	27,325	
33	27,335	
34	27,345	Zusammenschaltung mehrerer Funkgeräte über das Internet (D)
35	27,355	
36	27,365	
37	27,375	
38	27,385	
39	27,395	Zusammenschaltung mehrerer Funkgeräte über das Internet (D)
40	27,405	Zusammenschaltung mehrerer Funkgeräte über das Internet (D)

Kanal	Frequenz	Bemerkungen
41	26,565	Zusammenschaltung mehrerer Funkgeräte über das Internet (D)
42	26,575	DX-Verbindungen
43	26,585	
44	26,595	
45	26,605	
46	26,615	
47	26,625	
48	26,635	
49	26,645	
50	26,655	
51	26,665	
52	26,675	Datenkanal (D)
53	26,685	Datenkanal (D)
54	26,695	
55	26,705	
56	26,715	
57	26,725	
58	26,735	
59	26,745	
60	26,755	
61	26,765	Zusammenschaltung mehrerer Funkgeräte über das Internet (D)
62	26,775	
63	26,785	
64	26,795	
65	26,805	
66	26,815	
67	26,825	
68	26,835	
69	26,845	
70	26,855	
71	26,865	Zusammenschaltung mehrerer Funkgeräte über das Internet (D)
72	26,875	
73	26,885	
74	26,895	
75	26,905	
76	26,915	Datenkanal (D)
77	26,925	Datenkanal (D)
78	26,935	
79	26,945	
80	26,955	Zusammenschaltung mehrerer Funkgeräte über das Internet (D)

Wenn Sie sich die Tabellen etwas genauer ansehen, fallen Ihnen bei den Kanälen 01 bis 40 sicherlich einige Unregelmäßigkeiten bei den Frequenzen auf. Die Frequenzabstände sind keinesfalls immer gleich. Während bei vielen der Kanäle Frequenzabstände bzw. Unterschiede von 0,01 MHz zu finden sind, weisen andere Kanäle größere Unterschiede auf. Bei einigen Kanälen gibt es größere Frequenzabstände (Kanäle 03+04, 07+08, 11+12, 15+16 sowie 19+20). Daraus entstanden einige so genannte Zwischenkanäle: Kanal 03A (26,995MHz), 07A (27,045MHz), 11A (27,095MHz), 15A (27,145MHz) und 19A (27,195MHz). Diese Zwischenkanäle sind jedoch für den CB-Funk uninteressant, sie sind weder für den CB-Funk zugelassen noch nutzbar. Genutzt werden diese Kanäle für ganz andere Zwecke wie beispielsweise für Funkfernsteuerungen und Ähnliches. Die Frequenzen der Kanäle 23, 24 und 25 folgen ebenfalls nicht dem üblichen aufsteigenden 0,01-MHz-Raster, dafür sind aber alle Frequenzen in diesem Raster enthalten.

Auf den deutschlandweit nutzbaren Zusatzkanälen 41 bis 80 ist nur die Modulationsart FM erlaubt, auch wenn einige CB-Funker über Geräte verfügen, die auf allen 80 Kanälen in beiden Modulationsarten senden und empfangen können. Wenn Sie ein Gerät mit 80 Kanälen erwerben wollen, können Sie prinzipiell auf den ersten 40 Kanälen beide Modulationsarten verwenden. Allerdings gibt es viele CB-Funkgeräte, die sich lediglich auf zwölf Kanälen (Kanal 04 bis 15) auf AM einstellen lassen, auf den anderen Kanälen jedoch nur in der Modulationsart FM funktionieren. Die Modulationsart FM ist heute wohl die am meisten genutzte, nicht zuletzt wahrscheinlich auch deshalb, weil die meisten Geräte mit dieser Modulationsart die höchste Sendeleistung haben. Zwar darf auf FM in Deutschland auf allen 80 Kanälen mit 4 Watt gesendet werden. Allerdings sind viele der Geräte so eingestellt, dass sie auf AM nur mit 1 Watt

Ausgangsleistung senden. Dies gilt hauptsächlich für die älteren Geräte aus den 80er oder 90er Jahren.

Bei den Frequenzen in den Kanaltabellen fällt außerdem auf, dass die Frequenzen der Kanäle 41 bis 80 unter denen der ersten 40 Kanäle liegen. Tatsächlich wurden diese Frequenzen erst nachträglich für den CB-Funk freigegeben, worauf auch die frequenzmäßige Einordnung unterhalb des Frequenzbandes der ersten 40 Kanäle zurückzuführen ist.

2.13 Zu den Ländernormen

Viele moderne Funkgeräte erlauben die Einstellung so genannter Ländernormen. Was hat es damit auf sich und welche Funktionen bzw. Einschränkungen haben diese Ländernormen gegebenenfalls? Dazu folgen hier nun einige Informationen sowie eine kleine Übersicht.

Es beginnt mit der so genannten EU-Basisrichtlinie. Diese sieht zur Nutzung für den CB-Funk lediglich 40 Kanäle vor (die Kanäle 01 bis 40). Die maximale Sendeleistung beträgt sowohl auf AM als auch auf FM 4 Watt, auf SSB 12 Watt PEP. Die Buchstaben PEP stehen für „peak envelope power“, auf Deutsch Hüllkurvenspitzenleistung. Es handelt sich hierbei um die effektive Ausgangsleistung einer Sendeendstufe, die während einer hochfrequenten Schwingung an der höchsten Spitze der ausgesandten Funkwellen entsteht. Diese Ausgangsleistung entsteht im Gegensatz zu den Modulationsarten AM und FM beim Senden auf SSB nur bei maximaler Modulation, da kein stets gleich starker Sendeträger vorhanden ist. Neben der Basisrichtlinie für die EU gibt es noch einige Sonderrichtlinien in anderen Ländern Europas. Die Wesentlichen davon sind hier in einer Tabelle angegeben.

Länder	**Kanäle FM, AM, SSB mit Leistung**
Deutschland, Tschechien	80 FM 4W, 40 AM 4W, 40 SSB 12W PEP
Bulgarien, Litauen	40 FM 4W, 40 AM 1W
Frankreich, Monaco	40 FM 4W, 40 AM 1W, 40 SSB 4W
Großbritannien	40 FM 4W, 40 FM-UK 4W
Italien	40 FM 4W, 40 AM 4W, 40 SSB 12W
Malta	40 FM 4W
Niederlande	40 FM 4W, 40 AM 1W, 40 SSB 4W
Polen	40 FM 4W, 40 AM 4W, 40 SSB 12W
Rumänien	40 FM 4W, 40 AM 1W, 40 SSB 4W
Schweiz, Lichtenstein	40 FM 4W, 40 AM 4W, 40 SSB 12W
Slowakische Republik	40 FM 4W, 40 AM 4W, 40 SSB 12W
Spanien	40 FM 4W, 40 AM 4W, 40 SSB 12W

Hinweis zu Großbritannien und Polen: Diese beiden Länder haben eigene Frequenzbänder. So unterscheiden sich die Frequenzen der so genannten UK-Kanäle von denen der sonst üblichen auf den ersten 40 Kanälen. Die Kanäle fangen bei einer Frequenz von 27601,25 kHz an, außerdem gibt es keine Frequenzsprünge zwischen einigen der Kanäle. Die Frequenzschritte zwischen den einzelnen Kanälen liegen gleichmäßig bei 10 kHz. Die Frequenzen der so genannten Polenkanäle beginnen dagegen bei 26,960 MHz. Auch hier gibt es wie beim europäischen Band Abweichungen von den standardmäßig bei 10 kHz liegenden Frequenzabständen zwischen den einzelnen Kanälen. Diese sind wie beim europäischen Band zwischen den Kanälen 03 und 04, 07 und 08, 11 und 12, 15 und 16 sowie zwischen den Kanälen 19 und 20 zu finden. Auch hier gibt es Frequenzdreher zwischen den Kanälen 23, 24 und 25. Interessant ist, dass die

Frequenzen dieser Kanäle um jeweils 5 kHz nach unten von den CEPT-Kanälen 01 bis 40 abweichen.

2.14 Die Reichweite beim CB-Funk

Einige Tipps und Hinweise zur Verbesserung der Reichweite haben Sie bereits im ersten Kapitel (unter 1.6) lesen können. Am höchsten ist die Reichweite mit einer fest installierten Anlage für den CB-Funk, sowohl im Auto als auch daheim. Eine alte Regel besagt, dass der beste Verstärker und das beste Hilfsmittel für eine gute Reichweite eine ordentliche (und richtig eingemessene) Antenne ist. Auf dem Autodach werden Antennen unterschiedlicher Längen eingesetzt. Je nach Art und Größe der Antenne (die kleinsten haben Längen von etwas mehr als 30 Zentimeter, längere Antennen erreichen Längen von mehr als 150 Zentimetern) sind Reichweiten im Fahrzeug von etwa 10 bis 15 Kilometern möglich, bei einem sehr guten Standort gegebenenfalls auch mehr. Dies gilt für Entfernungen zwischen zwei Fahrzeugen. Ist noch eine Heimstation mit einer langen Antenne (meist mehr als fünfeinhalb Meter Antennenlänge) beteiligt, können auch deutlich höhere Reichweiten erreicht werden. Es ist sehr schwierig, hier eine generelle Angabe zu machen, da die Reichweite von verschiedenen Faktoren abhängig ist.

Etwas anders sieht es jedoch bei den Handfunkgeräten aus, vor allem solche mit nur kurzen Antennen, oft mit nur sehr einfachen Gummiantennen. Normalerweise ist hier bei wenigen Kilometern Entfernung bereits das Ende der maximalen Reichweite erreicht. Dies gilt besonders dann, wenn innerhalb von Wohngebieten oder innerhalb der Stadt gefunkt wird. Gegebenenfalls kann die Reichweite hier sogar noch geringer sein. Allerdings besteht ja auch bei einem Handfunkgerät oft die Möglichkeit, eine externe Antenne anzuschließen und dadurch eine ordentliche Reichweite zu erzielen. Das gilt sowohl bei dessen Nutzung im Fahrzeug als auch bei der Nutzung eines von Funkgerätes zuhause. Leider bleibt es Ihnen im Zweifelsfall nur übrig, die Reichweite anhand konkreter Beispiele auszutesten.

2.15 CB-Funk und andere Arten von Funkgeräten

Funkgerät ist nicht gleich Funkgerät. Es gibt verschiedene Arten von Funkgeräten für verschiedene Anwendungszwecke. Der CB-Funk nutzt Frequenzen im Bereich von etwa 26 bis 27 MHz, wie Sie bereits anhand der zuvor in diesem Kapitel gezeigten Tabellen erfahren haben. Verwechseln Sie allerdings nicht den CB-Funk mit anderen Funkarten, für die es im Fachhandel sehr kleine und handliche, oft auch sehr preisgünstige Funkgeräte zu kaufen gibt. Damit es hier zu keinen Verwechslungen kommt, erfahren Sie an dieser Stelle einiges zu den anderen Arten von Funkgeräten und deren Eigenschaften. Grundsätzlich unterscheidet man dabei zwischen folgenden Arten von Funkgeräten:

- **CB-Funkgeräte** mit Frequenzen im Bereich um 26 bis 27 MHz im 11-Meter-Band (um die es in diesem Buch geht), eine in den späten siebziger Jahren eingeführte Funkanwendung, die oft auch als Jedermannfunk bezeichnet wird.
- **PMR 446** ist eine seit einigen Jahren verbreitete Funkanwendung, die häufig ebenfalls als Jedermannfunk bezeichnet wird. Hier kommen zum größten Teil

Handfunkgeräte zum Einsatz. Die Frequenz liegt bei rund 446 MHz (daher auch der Name) und im 70-Zentimeter-Band. Die Geräte dürfen eine Sendeleistung von maximal 500 Milliwatt haben. In Deutschland sind diese Geräte seit 1999 erlaubt. Die Modulationsart ist FM, in Deutschland erlaubte Geräte mit einer analogen Übertragung der Sprache haben bis zu 16 Kanäle. Bei sehr guten Bedingungen sind Reichweiten von bis zu etwa 5 Kilometern oder etwas mehr möglich, häufig sind es aber nur wenige 100 Meter, die an maximaler Entfernung bis zum Abbruch der Funkverbindung erreicht werden.

- **Freenet** (nicht zu verwechseln mit einem Telekommunikationsunternehmen) ist eine weitere Funkanwendung, die in Deutschland im Jahr 1996 aufgrund freigewordener Frequenzen eines ehemaligen Mobilfunknetzes erstmalig zum Einsatz kam. Anfangs gab es nur drei Kanäle mit Frequenzen um die 149 MHz, später wurden drei weitere Kanäle für die analoge Sprachübertragung freigegeben. Auch hier ist die Sendeleistung auf 500 Milliwatt begrenzt. Aufgrund der geringen Sendeleistungen sind auch hier nur relativ geringe Entfernungen von bis zu etwa 5 Kilometern möglich, häufig sind es sogar nur einige 100 Meter.

Der Jedermannfunk trägt mehrere Bezeichnungen, darunter auch **SRD (Short Range Device)** bzw. **LPD (Low Power Device)**. Die Namen sagen in etwa aus, dass es sich um Geräte mit geringer Leistung bzw. mit nur geringer Reichweite handelt. Bei der Entwicklung dieser Geräte wurde Wert darauf gelegt, dass eine gewisse elektromagnetische Verträglichkeit hinsichtlich der Störungen anderer elektronischer Einrichtungen sichergestellt werden kann. Die Frequenzen dieser Anwendung sind in den unterschiedlichsten

Bereichen angesiedelt. Darunter befinden sich auch die eben genannten Frequenzbereiche für PMR und Freenet. Die kleinen und handlichen Funkgeräte für PMR und Freenet werden übrigens sehr häufig paarweise angeboten. Sie eignen sich damit sehr gut für einfache Funkanwendungen. Am häufigsten werden sie dort eingesetzt, wo nur geringe Entfernungen überbrückt werden müssen. Verwendet werden die Funkgeräte sowohl von Kindern als auch von Erwachsenen. Letztere verwenden sie beispielsweise zur Verständigung innerhalb von Gebäuden oder Firmengeländen. Viele Geräte besitzen praktischerweise auch einen Rufton, um den anderen Funkteilnehmer sozusagen anzurufen.

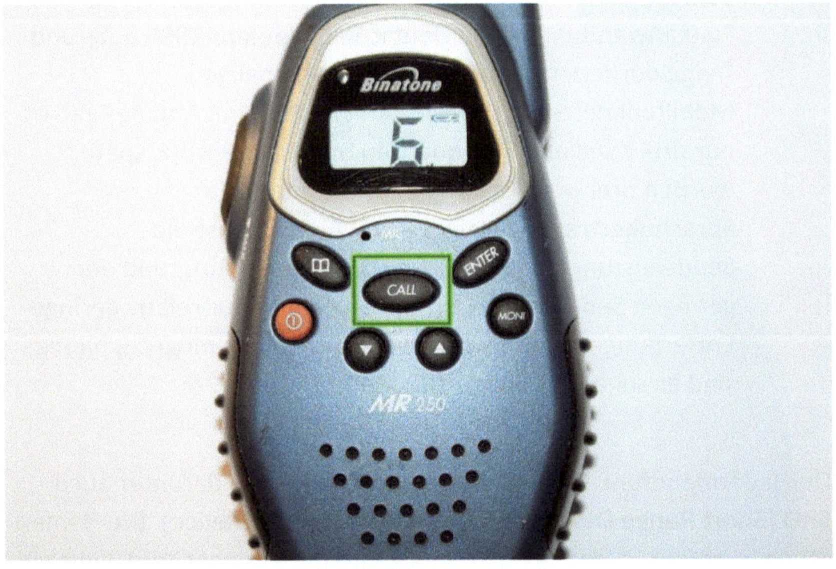

2.15.1 Call-Taste an einem Handfunkgerät

Im Internet sind einige Geräte (größtenteils direkt aus China) erhältlich, die mehrere Frequenzbereiche nutzen können. Allerdings ist deren Verwendung in Deutschland durch jedermann illegal, nicht zuletzt auch deshalb, da viele dieser Geräte deutlich höhere

Sendeleistungen als die eben bereits genannten 500 Milliwatt haben. Viele dieser Geräte dürfen nur von Amateurfunkern mit einer entsprechenden Lizenz verwendet werden, wenn überhaupt. Beachten Sie dies, sollten Sie schon einmal auf solche Angebote gestoßen sein, in denen kleine und handliche Funkgeräte für kleines Geld angeboten werden. Wenn Sie sich für den CB-Funk interessieren, sollten Sie auf die entsprechenden Angaben der Kanäle und Frequenzen achten. Damit Sie eine Vorstellung davon halten, wie solche „anderen“ Funkgeräte aussehen, sehen Sie sich die folgende Abbildung 2.15.2 an.

2.15.2 Mehrere Handfunkgeräte

Kapitel 3: Infos zu Wellenlängen, Kanälen und Frequenzen

An dieser Stelle wird es noch einmal technisch, bevor im nächsten Kapitel schließlich auf die Funkgespräche (auch QSOs genannt) eingegangen werden soll. Hier erfahren Sie, was es mit Begriffen wie der Wellenlänge und den Frequenzen auf sich hat. Genauer gesagt erfahren Sie, wie diese Begriffe eigentlich zusammenhängen. Eine erste Einführung dazu haben Sie schon im Abschnitt 2.12 erhalten.

3.1 Wellenlänge und Frequenz

Wie Sie möglicherweise schon erfahren haben, liegt das CB-Band im Kurzwellenbereich, man sagt oft auch 11-Meter-Band. Was heißt das eigentlich? Die Kurzwellen bezeichnen Radiowellen in einem bestimmten Frequenzbereich. Frequenzmäßig unter dem Kurzwellenbereich liegen die Langwellen und die Mittelwellen, darüber die Ultrakurzwellen, oft auch als UKW bezeichnet. Es handelt sich um Begriffe, die Sie möglicherweise schon einmal im Zusammenhang mit einem Radiogerät bzw. dem Rundfunk gehört haben (siehe auch Abbildung 3.1.1). Diese Begriffe sind aufgrund der Wellenlänge entstanden, die abhängig vom Frequenzbereich verschiedene Werte annimmt.

3.1.1 AM und FM an einem Radiogerät

Um Ihnen die Zusammenhänge besser verdeutlichen zu können, schauen Sie sich am besten zunächst die folgende Skizze in Abbildung 3.1.2 an. Diese zeigt zwei vollständige Perioden (vollständige Durchgänge einer Welle, bis diese wieder zu ihrer Ursprungsposition in Form der ursprünglichen Amplitude zurückkehrt) und die Zusammenhänge zwischen der Zeit, der Amplitude (Ausschlag der Wellenform nach unten und oben) und der Wellenlänge. Eine ähnliche Signalform haben Sie schon im Abschnitt 2.11 gesehen, als es um die Modulation ging. Doch zurück zu der Wellenlänge und deren Bedeutung für die Höhe der Frequenz.

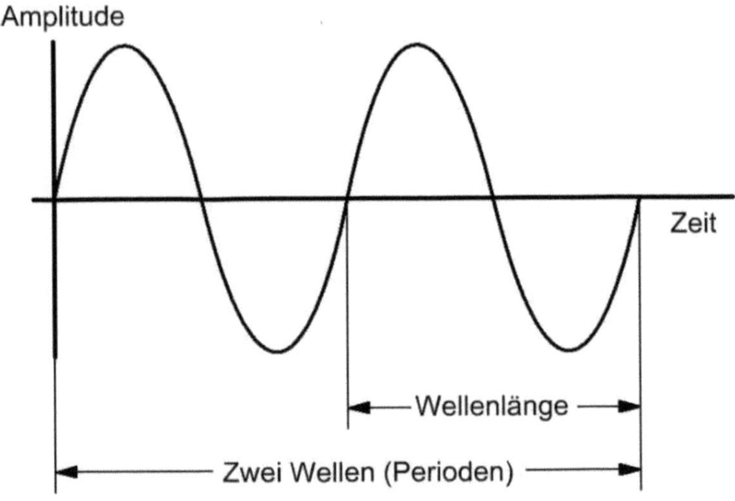

3.1.2 Eine sinusförmige Welle mit Kennzeichnung der Wellenlänge

Die Wellenlänge wird oft auch mit dem griechischen Buchstaben Lambda (λ) bezeichnet. Wellenlänge bedeutet soviel wie der kleinste zeitliche Abstand einer vollständigen Periode, bis diese wieder an ihrem ursprünglichen Spannungswert im Verlauf angekommen ist. Sie steht in einem direkten Zusammenhang mit der Frequenz, also der Anzahl dieser Perioden, die innerhalb einer Sekunde erzeugt werden.

Je höher die Frequenz ist, desto geringer muss demzufolge die Wellenlänge sein, da die einzelnen Perioden quasi weniger Zeit für ihre kompletten Durchläufe innerhalb einer bestimmten Zeiteinheit (in der Regel eine Sekunde) haben. Um Ihnen dies zu verdeutlichen, sehen Sie sich auch die folgende Skizze in Abbildung 3.1.3 an, die mehrere Perioden mit verschiedenen Wellenlängen zeigt. Durch diese Skizze müssten Ihnen die Zusammenhänge zwischen den Wellenlängen und den Frequenzen deutlich werden.

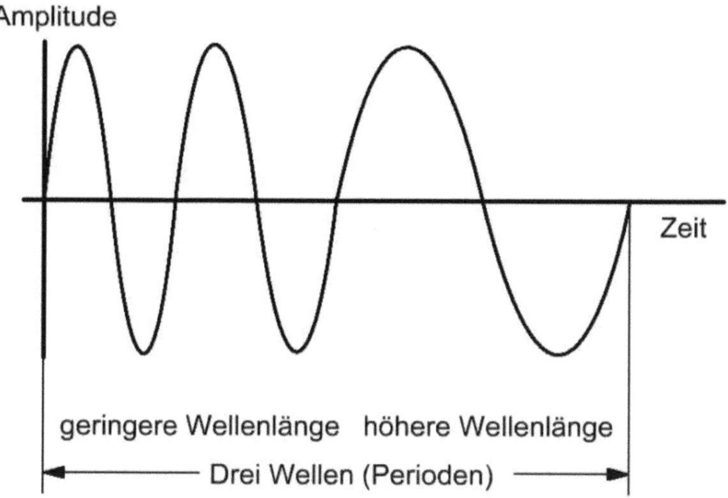

3.1.3 Verschiedene Wellenlängen

Bei einer geringeren Wellenlänge „passen“ praktisch mehrere Perioden in eine bestimmte Zeiteinheit, wie Sie in der Abbildung deutlich sehen können. Im Beispiel können praktisch zwei komplette Perioden in der gleichen Zeit vollständige Durchläufe erzeugen, wie diese bei der höheren Wellenlänge (und der geringeren Frequenz) nur in einfacher Form möglich sind.

3.2 Wellenlänge, 11-Meter-Band und Kurzwellenbereich

Je höher die Frequenz ist, desto geringer ist also auch die Wellenlänge oder umgekehrt. Der Begriff Kurzwelle sagt also aus, dass es sich um relativ kurze Wellen handelt. Beachten Sie dabei aber den Begriff „relativ", da die Wellenlängen bei den Kurzwellen im CB-Funk-Bereich immer noch rund 11 Meter betragen. Genau genommen sind sie also alles andere als kurz. Allerdings sollte dabei auch beachtet werden, dass es noch deutlich längere Wellen gibt, beispielsweise die Langwellen oder Mittelwellen, deren Wellenlängen zwischen etwa 1000 und 10.000 Metern bzw. 100 und 1000 Metern liegen. Bei der Kurzwelle liegen die Wellenlängen übrigens zwischen etwa 10 Metern und 100 Metern. Die Wellenlänge beim CB-Funk liegt also noch am unteren Ende dieser Skala. Halten wir also Folgendes fest:

- **höhere Frequenz – geringere Wellenlänge**
- **niedrigere Frequenz – höhere Wellenlänge**

Übrigens beziehen sich die Wellenlängen nicht nur auf den Funk bzw. den Rundfunk. Auch Schallwellen und alle anderen Arten von Wellen liegen im so genannten elektromagnetischen Spektrum. Doch zurück zur Funktechnik.

3.3 Kurzwellen und deren Reichweite

Die Kurzwelle nimmt im Bereich der Funktechnik eine besondere Rolle ein. Die erste kommerzielle Funktechnik entstand auf Langwelle und Mittelwelle. Erst einige Zeit später entdeckte man die kurzen Wellen für Kommunikationsverbindungen, die überraschend hohe Reichweiten bei nur relativ geringen Sendeleistungen ermöglichten.

Auch heute noch ist dieses Phänomen bekannt, zum Beispiel vom Kurzwellenrundfunk, welcher ebenfalls enorme Reichweiten praktisch rund um die Welt ermöglicht, und das mit nur relativ geringen Sendeleistungen. Der CB-Funk erreicht, wie Sie bereits im ersten Kapitel dieses Buches erfahren haben, nur relativ geringe Reichweiten von bis zu etwa 50 Kilometern, in einigen Fällen auch etwas darüber, häufig aber auch deutlich weniger. Trotzdem sind auch beim CB-Funk deutlich höhere Reichweiten möglich, beispielsweise bei günstigen atmosphärischen Bedingungen. Es hat hier schon Fälle gegeben, in denen Entfernungen von mehreren 100 Kilometern mühelos überbrückt werden konnten. Man könnte dieses Phänomen als Überreichweiten bezeichnen, in der Funksprache heißt es häufig auch: „Das Band ist offen."

3.4 Wenn das Band offen ist (Überreichweiten)

Auf dem 11-Meter-Band kommt es vor allem im Sommer immer wieder zu so genannten Überreichweiten. Der CB-Funker nennt dies oft: Das Band ist offen. Doch was heißt das eigentlich und was passiert genau, wenn das Band offen ist, wie man so schön sagt? Um diese Frage zu beantworten, muss etwas weiter ausgeholt werden.

Die Funkwellen werden von der Antenne in alle Richtungen abgestrahlt. Darunter befinden sich die so genannten Bodenwellen und die Raumwellen. Während sich die Bodenwellen entlang der Erdoberfläche ausbreiten und dabei sogar der Krümmung der Erdoberfläche folgen, werden die Raumwellen geradlinig wie Licht ausgestrahlt. Sie gelangen dabei auch in die Ionosphäre, eine in der Erdatmosphäre befindliche Schicht aus Ionen und Elektronen. Die Funkwellen werden von dieser Schicht reflektiert und dabei wieder zur Erde zurückgestrahlt. Die im Radiobereich genutzten Kurzwellen nutzen genau diesen Effekt, wodurch die zum Teil enormen Reichweiten des Kurzwellenrundfunks zustande kommen. Der Frequenzbereich eines Kurzwellenradios liegt im Bereich der gut reflektierten Kurzwellen. Radiowellen mit größeren Wellenlängen werden durch diese Schicht der Erdatmosphäre eher gedämpft. Auch das 11-Meter-Band und damit der CB-Funk gehört mit Frequenzen um die 27 MHz noch zu den Kurzwellen. Diese werden von der Ionosphäre reflektiert, allerdings durch die höheren Frequenzen nicht immer, sondern nur unter bestimmten Bedingungen.

Diese Bedingungen sind beispielsweise dann gegeben, wenn eine erhöhte Sonnenaktivität bzw. eine erhöhte Sonnenfleckenaktivität auftritt. Hierbei handelt es sich um besondere veränderliche Eigenschaften der Sonne, die mit den Turbulenzen der extrem heißen Gase und den damit verbundenen Änderungen der Magnetfelder im Bereich der Sonne zusammenhängen. In den vergangenen Jahren konnte beobachtet werden, dass besonders in Zeiten mit einer hohen Sonnenfleckenaktivität Verbindungen auch über sehr weite Entfernungen möglich waren, zum Beispiel innerhalb von ganz Europa. Es handelt sich dann um die Zeiten, in denen sowohl die Bodenwellen als auch die reflektierten Raumwellen zur Übertragung der Sprache per Funk genutzt werden können. Durch die mehrfache Reflexion der Funkwellen an der Ionosphäre sind Übertragungen über Entfernungen von bis zu mehreren 100 Kilometern möglich. In Deutschland können Sie dann beispielsweise Funker aus Südeuropa sehr deutlich hören, die zum Teil aber auch mit erhöhten Sendeleistungen arbeiten. Teilweise hören sich diese Sendungen dann so an, als wenn sich die Funkgeräte der ausländischen Stationen in Ihrer unmittelbarer Nähe befänden. In solchen Momenten können Sie gegebenenfalls mehrere 100 Kilometer entfernte Stationen erreichen. Oft können Sie diese Stationen nur hören, manchmal sind aber auch QSOs über solche Entfernungen möglich, und zwar auch ohne die Nutzung einer Anlage mit erhöhter Sendeleistung. Häufig brechen allerdings diese Verbindungen wieder nach ein paar Minuten ab, sobald sich die atmosphärischen Bedingungen wieder ändern und die Reflexionen der Funkwellen an der Ionosphäre nicht mehr stattfinden. Um die Zusammenhänge zwischen den Bodenwellen und den Raumwellen besser verstehen zu können, sehen Sie sich auch die folgende Abbildung 3.4.1 an.

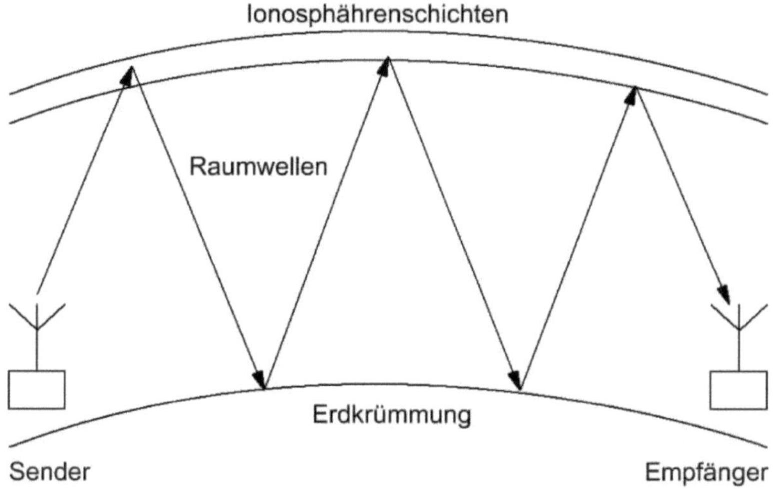

3.4.1 Ausbreitung der Funkwellen über Raumwellen

Hier ist sehr gut zu sehen, wie die Funkwellen von den Ionosphäreschichten reflektiert werden. Die Raumwellen gelangen dadurch über eine sehr weite Distanz vom Sender zum Empfänger, und das auch über die Erdkrümmung hinweg. Normalerweise breiten sich die Funkwellen im Nahbereich ausschließlich über die Bodenwellen aus, und zwar von der Antenne aus in alle Richtungen.

Befindet sich ein Empfänger in Reichweite, gelangen diese Funkwellen auf direktem Wege vom Sender zum Empfänger. Die Reichweite hängt bei dieser Ausbreitung sehr stark von der Frequenz ab, ist ebenso aber auch von der Bodenbeschaffenheit und von eventuellen Hindernissen in der Bodennähe abhängig. Die Skizze in Abbildung 3.4.2 zeigt die Übertragung der Funkwellen direkt vom Sender zum Empfänger über solche Bodenwellen.

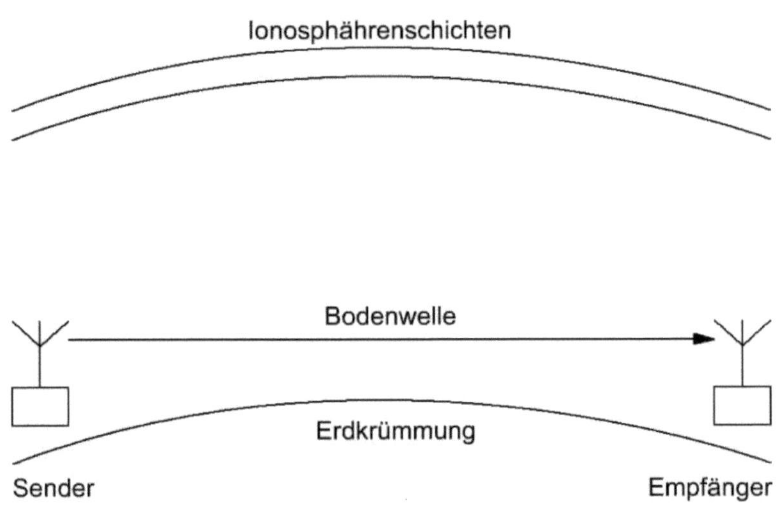

3.4.2 Übertragung der Funksignale über Bodenwellen

3.5 Störungen während des Funkbetriebs

Leider treten auch beim Funkbetrieb auf dem CB-Band immer wieder Störungen auf. Diese können auf unterschiedliche Art und Weise entstehen. Dabei unterscheidet man hauptsächlich zwischen folgenden Störungsarten:

- Störungen durch andere elektrische oder elektronische Einrichtungen, beispielsweise Industrieanlagen, medizinische Geräte oder Ähnliches.
- Störungen durch elektronische Geräte in unmittelbarer Nähe, oft sogar im Haushalt. Dazu gehören zum Beispiel schlecht abgeschirmte Geräte der Unterhaltungselektronik wie Fernsehgeräte, Computer usw.
- Ebenfalls entstehen oft Störungen durch Funker auf dem gleichen Kanal, manchmal durch das Dazwischenfunken anderer CB-Funker, genauso aber auch durch Überschneidungen der Reichweiten verschiedener Funker auf einem Kanal, die unbeabsichtigt sind.
- Nebenkanalstörungen können dann entstehen, wenn mehrere Funker sich in unmittelbarer Nähe zueinander befinden, die aber auf benachbarten Kanälen senden. Es handelt sich hierbei um ein Übersprechen zwischen benachbarten Kanälen. Häufig entstehen solche Störungen auch dann, wenn Sendeverstärker eingesetzt werden. Sie können aber auch durch defekte oder verstellte Funkgeräte entstehen.
- Die schon erwähnten Raumwellen können ebenfalls für Störungen des lokalen Funkbetriebs sorgen. Dies ist zum Beispiel dann der Fall, wenn Funkgespräche über sehr große Entfernungen den Lokalfunkbetrieb stören, oft auch durch

die Verwendung von Sendeverstärkern von Funkern im benachbarten Ausland. Ein Beispiel für solche Störungen können Sie der Skizze in Abbildung 3.5.1 sehen. Über die reflektierten Raumwellen gelangen Teile der Sendeenergie auch zu weit entfernten Funkern, deren Funkbetrieb im lokalen Bereich (im Nahbereich) dadurch empfindlich gestört werden kann. Teilweise sind die Störungen sogar so stark, dass der Lokalfunkbetrieb auf einem bestimmten Kanal dadurch unmöglich wird.

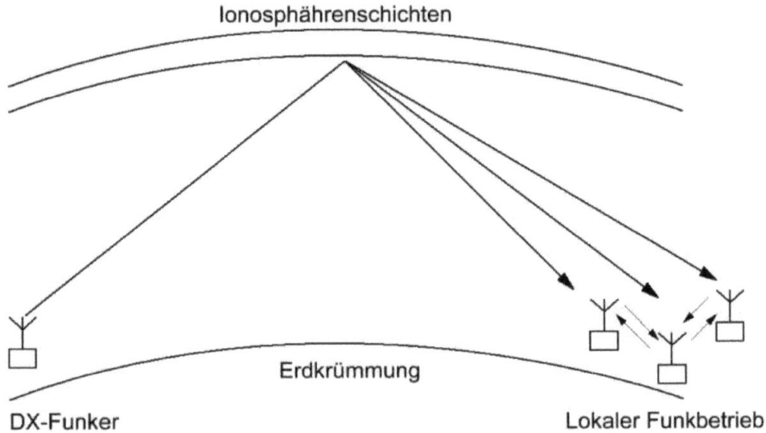

3.5.1 Störung des lokalen Funkbetriebs durch weiter entfernte Funker

Leider hat es sich in jüngster Vergangenheit immer wieder gezeigt, dass vor allem moderne Geräte der Unterhaltungselektronik oft für Störungen sorgen, genauso drahtlose Netzwerke oder andere Einrichtungen. Vielerorts sind diese Störungen so stark, dass ein Funkbetrieb kaum noch vernünftig möglich ist. Früher waren hauptsächlich die CB-Funker für Störungen des lokalen Fernsehempfangs verantwortlich, heute ist es etwas anders. Nun ist es der Funkbetrieb selbst, der oft durch andere elektrische Störquellen empfindlich gestört wird. Meist bleibt es dem Funker in einer solchen Situation nur übrig, zu einem anderen Zeitpunkt den Funkbetrieb aufzunehmen oder dem CB-Funk-Hobby außerhalb des Hauses an einer Stelle mit deutlich geringeren oder gar keinen Störungen nachzugehen.

Kapitel 4: Die Funkersprache und Fachbegriffe

Sollten Sie bereits erste Erfahrungen mit dem CB-Funk gesammelt haben, dürften Ihnen einige wichtige Begriffe bereits begegnet sein. Hören Sie jedoch zum ersten Mal in ein Funkgespräch hinein, werden Sie möglicherweise den Eindruck gewinnen, der Informationsaustausch findet hier in einer komplett anderen Sprache statt. Dazu tragen nicht zuletzt einige Spezialbegriffe bei, die von den CB-Funkern gerne verwendet werden. Da gibt es zum Beispiel die zahlreichen „Qs", einige kryptische Zahlenabkürzungen (75 und 55, 128, 600) oder sehr spezifische Begriffe, die sich innerhalb des CB-Funks eingebürgert haben. Grundsätzlich sollten Sie unterscheiden zwischen standardisierten Funkcodes und eher für den CB-Funk spezifischen Begriffen, die zum Teil unterschiedlich ausgelegt werden und welche sich sogar regional voneinander unterscheiden können. Dennoch gibt es einige Gemeinsamkeiten und gewisse Begriffe, die immer wieder auftauchen und auf die hier eingegangen werden soll. Schließlich möchten Sie nicht vollkommen unbedarft vor dem ersten Gespräch stehen und das Gefühl gewinnen, dass Sie es mit einer Art Geheimsprache oder mit einem Geheimcode zu tun haben.

4.1 Geheimsprache oder nicht?

Eines sollten Sie wissen: Es handelt sich um keine wirkliche Geheimsprache, die nur zu dem Sinn und Zweck erfunden wurde, um

Nichteingeweihten die Kommunikation zu erschweren. Auch wenn es manchmal einen ganz anderen Anschein zu haben scheint, hat diese Sprache durchaus ihre Daseinsberechtigung, zumindest aus der Sicht langjähriger CB-Funker. Nicht umsonst hat sich diese Sprache über einen sehr langen Zeitraum von etlichen Jahrzehnten gehalten.

Diese Art von Sprache entstand tatsächlich gleich aus mehreren Gründen. Einer der Gründe ist in den Ursprüngen des CB-Funks zu finden, nämlich dessen ursprüngliche Verbreitung in den Vereinigten Staaten, in denen der Funk unter anderem benutzt wurde, um sich gegenseitig vor Polizeikontrollen zu warnen. Bekannt ist diese Situation von den Lkw-Fahrern, welche den Funk sehr gerne für diese Zwecke eingesetzt haben. Einige der verwendeten Redewendungen waren durchaus von Vorteil, da die Lastkraftwagenfahrer nicht von allen Nichtfunkern ohne Weiteres verstanden werden konnten (vor allem nicht von der Polizei).

Es gibt aber noch einen weiteren Grund, aus dem diese Art von Sprache vorteilhaft ist, beispielsweise zur Verkürzung von Funksprüchen oder für eine bessere Verständlichkeit über das Band. Hier sind zunächst einige wichtige Begriffe, die immer wieder in der Funksprache vorkommen. Diese Liste erhebt keinen Anspruch auf Vollständigkeit. Vielmehr soll sie Ihnen eine erste Einführung in die wichtigsten bzw. am häufigsten verwendeten Begriffe ermöglichen. Diese Begriffe gehören noch nicht zu den so genannten Q-Codes, die erst an späterer Stelle folgen sollen.

- 2 Meter = schlafen, ins Bett gehen
- 600 = Telefonieren (wegen der Impedanz in Höhe von 600 Ω der Hörerkapseln in alten Wählscheibentelefonen)
- 55 = Viel Erfolg
- 73 = Viele Grüße
- 128 = Viel Erfolg und viele Grüße (als Summe aus 55+73)

- Abklemmen = den Funkverkehr beenden, das Gerät ausschalten
- Band offen = mögliche Verbindungen über sehr große Entfernungen aufgrund besonderer atmosphärischer Bedingungen
- Break = Unterbrechung eines Funkgespräches (auch X)
- Bügeln = Wegdrücken einer schwächeren oder weiter entfernten Station
- Brenner = Verstärker zur Erhöhung der Sendeleistung (auch Oma)
- Cheerio = Abschiedsgruß
- Clarifier = Knopf zur Feinabstimmung an USB/SSB-Funkgeräten
- CQ = allgemeiner Anruf
- CW = Sendeträger ohne Modulation
- DX = Funkverbindung über weite Entfernung
- Fading = Empfangsschwankung bzw. Schwankung der Stärke des empfangenen Signals
- Fliegen = fahren
- Gurke (Handgurke) = Handfunkgerät
- Handgurke, Handquetsche, Handpuste = Handfunkgerät
- HF = Hochfrequenz
- Hauskanal = von einer Gruppe von Funkern bevorzugter und hauptsächlich benutzter Kanal
- H.i. = Lachen, ich lache
- im Hintergrund bleiben = empfangsbereit und ansprechbar, aber anderweitig beschäftigt
- Kiste = Funkgerät
- Keramik = Toilette
- Kohle, Brikett auflegen = Sendeverstärker einschalten, Sendeleistung erhöhen
- Mike = Mikrofon

- Mikrowelle = Kind
- Müll = Funkstörungen
- Negativ = nicht verstanden, konnte nicht aufnehmen
- Oberwelle = Ehefrau oder Lebensgefährtin
- Oberkünftig = vom Berg oder von einer Erhöhung aus funken
- Oma = Sendeverstärker
- Paula = Station zwischen zwei weiter entfernten Funkstationen, Weitergabe von Informationen durch eine dritte Station
- Radio = Wert von 1 bis 5 für die Verständlichkeit
- Roger = verstanden
- Runde = mehrere Funkteilnehmer in einem Funkgespräch
- S-Wert oder Santiagowert = Empfangsstärke von 1 bis 9 (+), ablesbar auf dem S-Meter
- Schrappen = hochfrequente Störungen auf dem CB-Band, meist verursacht durch andere elektronische Geräte
- Skip = Funkername, Rufname
- Spargel = Antenne
- Stereo = wenn zwei Funkteilnehmer gleichzeitig senden
- Station XY = die Station, der Teilnehmer sowieso
- Stand-by = empfangsbereit
- Träger = gedrückte Mikrofontaste, Aussendung eines Funkgerätes, auch unmodulierte Sendung
- TX = Sender
- Vollanschlag = maximale Empfangsstärke, komplett ausschlagendes Signalmeter
- X-er = neu hinzu gekommener Funker
- Zentrale = Feststation
- Zweimeterlage = Bett

4.2 Was sind die so genannten Q-Codes?

Ein weiterer, sehr wichtiger Bestandteil des Funkgespräches sind die so genannten Q-Schlüssel oder auch Q-Codes, von denen hier die wichtigsten Codes vorgestellt werden sollen. Es handelt sich hierbei um Abkürzungen, die im CB-Funk häufig verwendet werden. Eingeführt wurden diese Abkürzungen in der Funksprache, um die Durchgänge möglichst kurz zu halten.

- QRA = Name
- QRB = Entfernung
- QRD = woher?
- QRG = Frequenz oder Kanal
- QRL = Arbeitsplatz
- QRM = Müll, Störungen
- QRN = atmosphärische Störungen
- QRT = Sendung einstellen
- QRV = aufnahmebereit
- QRX = Break, Pause, weitere Person will ins QSO einsteigen
- QRZ = ich rufe...
- QSB = Empfangsschwankungen
- QSL = Bestätigung eines Funkgesprächs
- QSM = Nachrichtenwiederholung
- QSO = Funkgespräch (mit ...)
- QSY = Kanal wechseln auf ...
- QST = an alle
- QTH = momentaner Standort
- QTR = Uhrzeit

4.3 Die Buchstabierung von Wörtern und die Empfangsstärke

Eine weitere wichtige Komponente sollte ebenfalls noch erwähnt werden, nämlich die Buchstabierung. Im Funkverkehr kommt es immer wieder zu Missverständlichkeiten durch nur schwer verständliche Wörter. Um eine fehlerfreie Übermittlung von Namen oder Rufzeichen sowie weiteren, über den Funk nur sehr schwer verständlichen Begriffen zu ermöglichen, hat sich eine einheitliche deutsche oder internationale Buchstabierweise durchgesetzt. Die nun folgende Tabelle zeigt dabei die einzelnen Buchstaben und deren Codes bzw. Buchstabierwörter:

4.3.1 Die Sprachübertragung ist nicht immer einfach

Buchstabe	Deutsch	International
A	Anton	Alfa
B	Berta	Bravo
C	Cäsar	Charlie
D	Dora	Delta
E	Emil	Echo
F	Friedrich	Foxtrott
G	Gustav	Golf
H	Heinrich	Hotel
I	Ida	India
J	Julius	Juliet
K	Karl	Kilo
L	Ludwig	Lima
M	Martha	Mike
N	Nordpol	November
O	Otto	Oscar
P	Paul	Papa
Q	Quelle	Quebec
R	Richard	Romeo
S	Siegfried	Sierra
T	Theodor	Tango
U	Ulrich	Uniform
V	Victor	Victor
W	Wilhelm	Whisky
X	Xanthippe	X-Ray
Y	Ypsilon	Yankee
Z	Zacharias	Zulu

Beim CB-Funk geht es nicht selten um technische Themen, besonders Bezug nehmend auf die Empfangsstärke. Für eine bessere Vereinheitlichung benutzen CB-Funker zur Beurteilung eine bestimmte Skala über die so genannten S-Werte und die Radiowerte, kurz R-Werte. Die S-Werte werden dabei auf der Skala eines Messinstrumentes im Funkgerät abgelesen, dem so genannten S-Meter. Meist werden dort Werte von 1 bis 9 dargestellt. Je höher der Wert ist, desto besser ist die Empfangsstärke. Neben den S-Werten sind aber auch die Radiowerte von Bedeutung, da sie Auskunft geben über die Verständlichkeit des Gegenübers. Auch hier erfolgt eine Einteilung in eine Skala, die hier allerdings nur von 1 bis 5 reicht.

- R1 = so gut wie nicht verständlich
- R2 = zeitweise verständlich
- R3 = schwer verständlich.
- R4 = verständlich
- R5 = sehr gut verständlich

Diese Werte sind vor allem dann interessant, wenn an einem Funkgerät Einstellungen der Modulation vorgenommen werden können oder beispielsweise ein neues Mikrofon ausprobiert wird.

4.4 Der eigene Funkname (Skip)

Der eigene Funkname (Skip) ist sehr wichtig, gilt er doch als einmaliges Kennzeichen eines Funkers, außerdem sind es genau diese Funkernamen, die seinerzeit den CB-Funk von vielen anderen Funkbereichen wie beispielsweise dem Amateurfunk abgrenzten. Viele neue Funker machen sich sehr viele Gedanken über einen passenden Namen, der sympathischer, individueller und vor allem weniger zu verwechseln klingt als eine kryptische Abkürzung, wie diese im Amateurfunk üblich ist und die sich ohnehin niemand merken kann (außer vielleicht der Eigner der Kennung). Dies ist Grund genug, in diesem Buch dem Skip einen eigenen Bereich zu widmen, auch wenn dieser nur relativ kurz ist. Sollten Sie irgendwann einmal in die Situation kommen, sich einen Funkennamen auszudenken (was mit Sicherheit früher oder später der Fall ist, sollten Sie den CB-Funk länger betreiben wollen), wählen Sie am besten einen Namen, der folgende Eigenschaften aufweisen sollte:

- Er sollte nach Möglichkeit auch über weitere Entfernungen (DX-Verbindungen mit schlechter Verständlichkeit) noch verständlich sein.
- Es ist kaum etwas lästiger oder unangenehmer, als wenn ein Funkname ständig wiederholt werden muss, weil er entweder über größere Funkdistanzen kaum noch zu verstehen ist oder sich ihm niemand merken kann.
- Denken Sie sich nach Möglichkeit einen individuellen Namen aus und nicht einen, der in ähnlicher Form schon sehr geläufig ist (beispielsweise Sternschnuppe 01, Sternschnuppe 02 bis 99 usw.).
- Wählen Sie am besten keinen allzu langen Namen aus.
- Verwenden Sie gerne einen Namen, der sich im Funkeralphabet sehr gut buchstabieren lässt, sollte ihn doch jemand nicht bei der ersten Aufnahme verstehen. Gegebenenfalls wiederholen Sie ihn selber häufiger im Funkeralphabet zur Übung.
- Wählen Sie am besten einen Namen, der auch Ihnen selber sehr gut gefällt und nach Möglichkeit gut zu Ihnen passt.
- Häufig genutzt werden Funkernamen bestehend aus einem Namen sowie aus einer oder mehreren Ziffern.

4.5 CB-Funk heute nutzen

Wer sind eigentlich die Menschen, die heute den CB-Funk noch oder wieder nutzen? Wer steigt heute ein und schafft sich eine neue Funkausrüstung an? Was ist heute anders als vor 30 oder 40 Jahren, was ist gleich geblieben? Vielleicht stellen Sie sich gerade diese oder ähnliche Fragen. Tatsächlich sind es mehrere Gruppen von Leuten, die wieder (oder immer noch) auf dem Band zu finden sind. Viele von ihnen haben in der Vergangenheit schon einmal eines oder mehrere Funkgeräte besessen. Andere steigen wieder ein. Sie sagen, dass sie vor 30 Jahren oder noch längerer Zeit schon einmal gefunkt haben, damals aber das Interesse verloren haben. Vielleicht war beim CB-Funk nichts mehr los, möglicherweise gab es auch andere Gründe (keine Zeit, andere Interessen).

Es gibt aber auch heute noch Neueinsteiger, also Menschen, die noch nie ein CB-Funkgerät besessen haben und diese Technik gar nicht kennen. Viele von ihnen chatten, skypen oder nutzen soziale Netzwerke, mit Funk hatten sie allerdings noch nie etwas zu tun. Sie werden viele verschiedene Charaktere auf dem Band antreffen. Vielleicht entsteht daraus die eine oder andere langjährige Bekanntschaft oder Freundschaft. Der Einstieg kann aber gegebenenfalls auch etwas schwierig werden. Viele Wiedereinsteiger oder Neueinsteiger machen die Erfahrung, dass sie sich ein Funkgerät zulegen, aber keinen Menschen auf dem Band zum Funken finden. Sollte dies bei Ihnen der Fall sein, können Sie folgende Tipps umsetzen, um möglicherweise doch die ersten Funkkontakte herzustellen bzw. aufzubauen:

- Suchen Sie am besten in der Abendzeit das Band nach anderen Funkteilnehmern ab, abends ist in der Regel am meisten los. Ausnahmen gibt es natürlich immer.
- Schalten Sie langsam durch die Kanäle oder lassen Sie den Scanner eine Weile laufen. Oft entstehen während einzelner QSOs (oder dazwischen) längere Pausen ohne Funkdurchgänge.
- Sollten Sie zuhause auch nach längerer Zeit keine Funksprüche empfangen können, versuchen Sie es auf einer Anhöhe bei Ihnen in der Nähe oder auf einem Berg, am besten mit einer guten Rundumsicht.
- Wenn möglich, überprüfen Sie auch Ihr Funkgerät, vor allem dann, wenn es gar keinen Empfang zu haben scheint, also noch nicht einmal auf Störungen (beispielsweise durch WLAN oder andere elektronische Geräte) reagiert.
- Vielleicht können Sie Ihre Funkanlage oder ein Handfunkgerät auch mit einem Freund testen, der sich ebenfalls ein CB-Funkgerät zulegt oder vielleicht sogar schon eines besitzt. Sie können so auch sehr gut die Reichweite testen.
- Wenn Sie sich in der Nähe einer Bundesstraße oder einer Autobahn befinden, schalten Sie häufiger mal auf den Kanal 9 AM um. Möglicherweise können Sie hier die Funksprüche von Lkw-Fahrern empfangen.
- Starten Sie ruhig auch öfter mal einen allgemeinen Anruf. Möglicherweise sind Sie nicht der einzige bei Ihnen in der Nähe, der das Band häufiger nach anderen Funkern absucht. Fragen Sie dazu einfach, ob jemand QRV (empfangsbereit) ist.

- Versuchen Sie Ihr Glück möglichst zu verschiedenen Tageszeiten, wobei in der Regel abends am meisten auf dem Band los ist.
- Mit etwas Glück erwischen Sie sogar eine Zeit, in der „das Band offen ist", also auch Funkgespräche über längere Distanzen möglich sind. Oft hören Sie dann sogar die Funksprüche ausländischer Funker.
- Sollten Sie mehrere Mitinteressenten am CB-Funk finden, ist die Wahrscheinlichkeit wesentlich höher, das Band wieder etwas zu beleben. Die Erfahrung hat gezeigt, dass sehr häufig weitere Funker hinzukommen, wenn sich erst einmal etwas auf dem Band tut. Sie glauben gar nicht, wie schnell sich Nachrichten über die Neubelebung des CB-Bandes verbreiten. Vielleicht machen Sie auch einfach den Anfang bei Ihnen in der Region.
- Auf dem Funk finden sich immer wieder Runden zu Funkevents zusammen. Um herauszufinden, welche dies möglicherweise bei Ihnen in der Nähe sind, schauen Sie sich in sozialen Netzwerken oder auf diversen Informationsportalen im Internet um. Informationen zu Veranstaltungen finden Sie im Internet, wenn Sie zum Beispiel „CB-Funk Events" in eine Suchmaschine eingeben.

Kapitel 5: Geschichtliches zum CB-Funk

Auch einige geschichtliche Aspekte zum CB-Funk sollen an dieser Stelle folgen. Sie sollen gewissermaßen einen Abschluss dieses (ersten) Bandes bilden. Lesen Sie hier nach, wie es überhaupt zur Entstehung des CB-Funks bzw. Jedermannfunk in den 70er Jahren des vergangenen Jahrhunderts gekommen ist und welche Neuerungen diese Technik im Laufe der Jahre und Jahrzehnte mit sich brachte. Es war nämlich keinesfalls so wie heute, dass es 40 oder 80 Kanäle gab, auf denen doch noch sehr wenig Funkbetrieb herrscht. Früher sah dies einmal ganz anders aus.

5.1 Kleiner Ausflug in die Geschichte des CB-Funks

Am 01. Juli 1975 war es in der Bundesrepublik Deutschland soweit: Das Bundesministerium für Post und Telekommunikation gab eine Funkanwendung im 27-MHz-Frequenzbereich (zunächst nur in der Bundesrepublik Deutschland) für die Allgemeinheit frei. Unter bestimmten technischen Voraussetzungen konnte der kostenlose Funkbetrieb aufgenommen werden. Kostenlos war er allerdings nur für mobile Geräte. Sollte eine Feststation zuhause in Betrieb genommen werden, war dafür eine monatliche Gebühr in Höhe von immerhin 15 DM fällig. Anfangs war es nur ein Betrieb auf mageren zwölf Kanälen (Kanal 4 bis 15), welcher genehmigt werden sollte. Die

Sendeleistung war ebenfalls gegenüber heutigen Verhältnissen stark eingeschränkt. So durften beispielsweise Feststationen und mobile Geräte für Fahrzeuge lediglich mit einem halben Watt (500 Milliwatt) den Sendebetrieb aufnehmen, und das auch nur auf AM. Für Handfunkgeräte war sogar nur eine maximale Ausgangsleistung (Sendeleistung) von 0,1 Watt (100 Milliwatt) erlaubt. Der Funkbetrieb war anfangs durch die geringen Sendeleistungen oft nur in einem Bereich von einigen 100 Metern zwischen zwei Geräten möglich, vor allem bei der Nutzung der in der Anfangszeit sehr beliebten Handfunkgeräte. Diese hatten manchmal nur einen, in einigen Fällen auch mehrere Kanäle. Die vollen 12 Kanäle hatten allerdings nur einige (teure) Handfunkgeräte. In Abbildung 5.1.1 sehen Sie ein altes Handfunkgerät aus der Anfangszeit des CB-Funks.

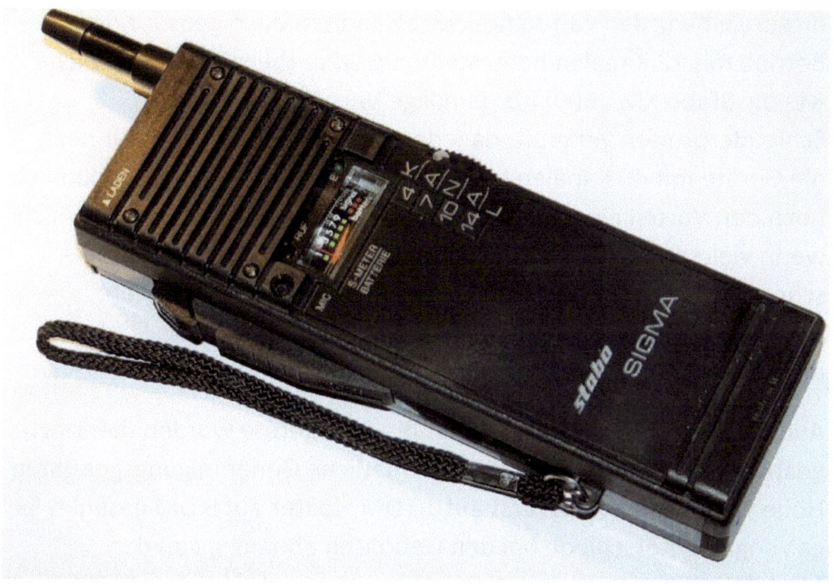

5.1.1 Altes Handfunkgerät mit vier Kanälen

Wenige Jahre später kamen dann die ersten Geräte auf den Markt, die auch die zweite Modulationsart FM besaßen, allerdings nach wie vor auf den ursprünglichen zwölf Kanälen 4 bis 15. Im Jahr 1981 kam es erstmalig zu einer Erweiterung der möglichen Kanäle auf 1 bis 22, dies allerdings mit einer maximalen Sendeleistung von 0,5 Watt und nur in der Modulationsart FM. Die Beschränkung auf diese Modulationsart begründete das Bundesministerium für Post und Telekommunikation mit den möglichen Störungen des Fernseh- bzw. Rundfunkempfangs.

Die späteren Kanäle 1 bis 40 wurden erst zwei Jahre später am 12. April 1983 freigegeben, und das erstmalig mit einer maximalen Sendeleistung von 4 Watt auf FM. Die maximale Sendeleistung auf den zwölf Kanälen bei AM wurde auf immerhin 1 Watt erhöht. Ab dieser Zeit wurden von zahlreichen Händlern die eigens für den Betrieb mit 22 Kanälen hergestellten Geräte (beispielsweise solche wie die Stabo XM 2500) für damalige Verhältnisse fast zu Schleuderpreisen verkauft, da jeder Funker zu dieser Zeit nur noch die Geräte mit 40 Kanälen haben wollte. Diese Geräte boten nämlich noch den Vorteil einer höheren Sendeleistung auf AM und FM. Auch wenn viele der damals schon im Umlauf befindlichen Funkgeräte schon FM besaßen, hatten diese noch eine deutlich geringere Ausgangsleistung, eine Tatsache, die bis heute vielen CB-Funkern gar nicht bewusst zu sein scheint.

Auch die Gebührenordnungen für die Funkgeräte wurden mehrfach geändert. Die anfangs geltende, monatliche Genehmigungsgebühr in Höhe von 15 DM wurde erst auf 10 DM, später auf 5 DM gesenkt. Es gab sogar Unterschiede bei den Gebühren abhängig von der Modulationsart. Reine FM-Funkgeräte waren ab September 1984 anmelde- und gebührenfrei.

Ab 1996 gab es dann 80 Kanäle, die Kanäle 41 bis 80 mit Frequenzen unterhalb der ersten 40 Kanäle wurden freigegeben, zumindest für FM und ausschließlich in Deutschland. Außerdem wurde die Modulationsart SSB erstmals legalisiert, und zwar auf den zwölf ursprünglichen AM-Kanälen und mit 4 Watt Sendeleistung. Seit Ende 2011 dürfen die ersten 40 Kanäle auch komplett auf AM und FM mit 4 Watt Sendeleistung genutzt werden, auf SSB sogar mit 12 Watt Hüllkurvenspitzenleistung. Heute sind die Geräte gebührenfrei zu betreiben, wenn sie den Anforderungen des Gesetzes über Funkanlagen und Telekommunikationseinrichtungen (FTEG) genügen, wie es so schön in der Amtssprache heißt. Auf Nummer sicher gehen Sie, wenn Sie ausschließlich mit CE-Kennzeichen versehene und für den Betrieb in Deutschland vorgesehene Geräte verwenden (siehe auch Abbildung 5.1.2).

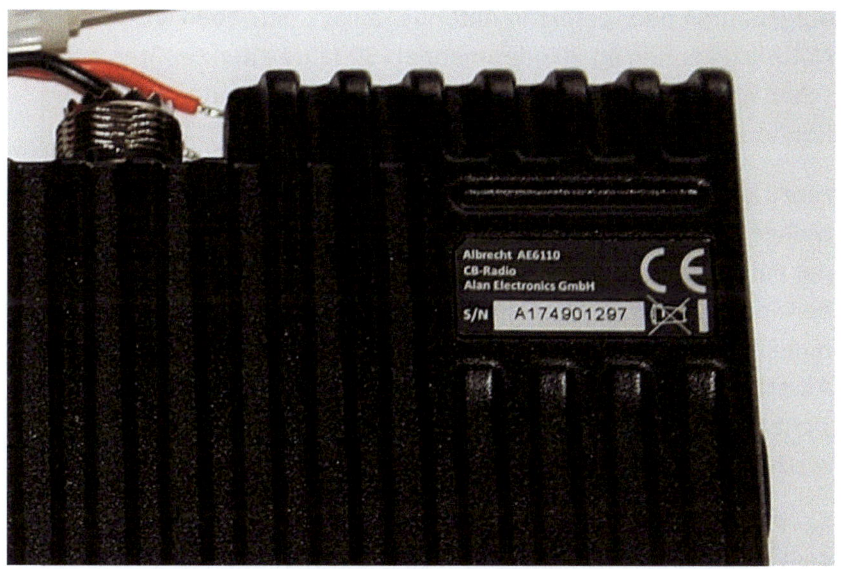

5.1.2 CB-Funkgerät mit CE-Aufkleber

Gegebenenfalls muss die Ländernorm entsprechend dem aktuellen Aufenthaltsort eingestellt werden, wenn dies möglich ist.

5.2 Alte und neuere CB-Funkgeräte nutzen

Wer sich heute für den Neu- oder Wiedereinstieg in den CB-Funk interessiert, steht vor der Wahl: Soll ich ein älteres und gebrauchtes Funkgerät kaufen oder doch lieber gleich ein neues? Die Frage ist nicht unberechtigt. Ältere Funkgeräte können durchaus versteckte Defekte aufweisen oder funktionieren nicht mehr richtig. Oft ist der Empfang sehr schlecht, auch die Sendeleistung ist gegebenenfalls nicht mehr da, wenn das Gerät beispielsweise an einer unsachgemäß aufgebauten oder defekten Antennenanlage betrieben wurde. Natürlich können an 20 oder mehr als 30 Jahre alten Geräten auch schon einmal Bauteiledefekte wie zum Beispiel kaputte Kondensatoren auftreten.

Hinzu kommt noch, dass auch die neuen Geräte heute nicht mehr die Menge an Geld kosten, wie dies in der Anfangszeit des CB-Funks noch der Fall war. Viele ältere Funker berichten von Zeiten, in denen sie bereits für ein einfaches Handfunkgerät gleich etliche 100 DM hinblättern mussten und dafür nur ein Gerät mit einfachster Ausstattung und einer relativ geringen Reichweite erhielten. Heute sieht dies zum Glück etwas anders aus. Der CB-Funk ist tatsächlich erschwinglich geworden.

Für Preise um die 50 Euro gibt es zum Teil schon neue (Mobil-) Funkgeräte, ein Umstand, der für viele Interessenten den Gebrauchtkauf in Frage stellt, und das vollkommen zu Recht. Auch die Anschaffungskosten für die übrige Ausrüstung wie beispielsweise eine Antenne mit Antennenkabel sowie für ein Stehwellenmessgerät halten sich durchaus in Grenzen, so dass der Interessent schon für einen Kaufpreis von etwa 100 bis 120 Euro eine brauchbare Ausrüstung erhält, mit welcher er sofort loslegen kann. Warum also überhaupt noch ein altes und gebrauchtes Gerät kaufen und sich möglicherweise mit Mängeln oder Defekten herum ärgern?

Sind ältere Funkgeräte nur etwas für Bastler? Es kann schon sein, dass ein älteres und möglicherweise seit Jahrzehnten nicht mehr benutztes Funkgerät nicht mehr einwandfrei funktioniert und möglicherweise erst einmal eine Reparatur benötigt. Die Erfahrung hat gezeigt, dass viele der älteren Geräte schon Defekte aufweisen. Hier sind einige Beispiele:

- Abgeschnittene Anschlusskabel und fehlende Sicherungshalter gehören häufig noch zu den harmloseren Fällen. Trotzdem sollten die Geräte vor allem beim Einbau in das Kfz immer mit einem passenden Sicherungshalter samt Sicherung versehen sein (wie in Abbildung 5.2.1).

5.2.1 Anschlusskabel mit Sicherungshalter an einem Funkgerät

- Leider hat sich in der Vergangenheit gezeigt, dass gerade die Sendeendstufen oft nicht mehr funktionieren, hauptsächlich wahrscheinlich wegen nicht intakter oder korrekt angeschlossener Antennenanlagen.
- Aufgrund defekter Bauteile im Inneren der Geräte kann der Empfang stark gestört sein. Auch dies wurde bei älteren und gebrauchten Funkgeräten schon häufig festgestellt.
- Leider werden auf diversen Onlineportalen auch gerne defekte Funkgeräte angeboten oder solche, an denen schon (zum größten Teil vergebliche oder sogar unsachgemäße) Reparaturversuche stattgefunden haben.
- Ebenfalls häufig kommt es vor, dass mehr oder weniger komplett verstellte Geräte angeboten werden, die dann praktisch gar keinen Empfang mehr haben. Von solchen Geräten sollten Sie besser die Finger lassen. Sie dienen

bestenfalls noch als Ersatzteilträger für den Bastler. Siehe dazu auch Abbildung 5.2.2.

- Für den Bastler interessant sind auch die so genannten Konvolute, ganze Ansammlungen von mehreren Geräten samt Zubehör, die zum Teil sehr preisgünstig angeboten werden, weil die Besitzer sie einfach loswerden möchten. Oft sind in solchen Konvoluten auch noch voll funktionstüchtige Geräte enthalten, die Sie sonst an anderer Stelle teuer bezahlen müssten. Allerdings sind solche Konvolute auch nur was für basierte Elektronikbastler und nichts für technische Laien.

5.2.2 Geöffnetes Funkgerät mit Einstellmöglichkeiten im Inneren

- Auch Schäden durch Überspannungen oder ein falscher Anschluss in einem Kfz sind häufige Ursachen für viele Fehlfunktionen. Leider werden auch diese Geräte sehr oft zu überteuerten Preisen angeboten.

- Auf Kellerfunde oder Dachbodenfunde sollten Sie nur zurückgreifen, wenn Sie sich des Kaufrisikos voll bewusst sind und den Kauf eines möglicherweise defekten Gerätes in Kauf nehmen, beispielsweise bei einem sehr günstigen Ankauf eines Konvolutes.

Sie sehen, der Kauf alter Funkgeräte ist nicht ganz risikolos. Gegebenenfalls erhalten Sie ein unbrauchbares Gerät, das bestenfalls noch als Ersatzteilträger taugt. Ebenso kann es natürlich auch sein, dass Sie ein vollkommen intaktes und noch gut nutzbares Funkgerät zu einem sehr günstigen Preis kaufen. Der Gebrauchtkauf ist also wahrscheinlich eher nicht für Sie geeignet, wenn Sie lieber auf Nummer sicher gehen und auf jeden Fall eine funktionierende Ausrüstung anschaffen möchten.

5.3 Gebrauchte Antennen und Antennenanlagen

Nicht nur die Funkgeräte mit Zubehörteilen wie Netzteil, SWR-Meter und Mikrofonen werden heute gebraucht in großer Menge angeboten, sondern zum Teil auch komplette Antennenanlagen. Das gilt sowohl für mobile Antennen (beispielsweise mit Magnetfuß) als auch für stationäre Antennen. Allerdings sollten Sie beim Kauf solcher Artikel auch auf einige Dinge achten:

- Achten Sie unbedingt auf äußere Beschädigungen (stark verbogene Antennenelemente, abgebrochene oder komplett fehlende Antennenelemente).
- Einige Antennensorten können auch versteckte Fehler aufweisen, beispielsweise durch Blitzeinschlag unbrauchbar

gewordene Antennenspulen. Solche Defekte sind nicht immer von außen erkennbar.

- Bedenken Sie immer, dass die stationären Antennen gegebenenfalls über viele Jahre hinweg draußen montiert und daher Wind und Wetter ausgesetzt waren. Nach einem Neuaufbau an anderer Stelle sind sie nicht immer problemlos weiter verwendbar. Sie merken das dann auch an einer mitunter problematischen oder sogar unmöglichen Einstellung der Stehwelle.
- Die Antennenfüße bzw. Halterungen können ebenfalls zum Teil nicht sichtbare Beschädigungen aufweisen. Bevor Sie eine solche gebrauchte Antenne wieder in Betrieb nehmen, müssen Sie unbedingt alle Komponenten (Antennenfuß, Antennenkabel und Antennenstecker) auf Kurzschlüsse überprüfen.

5.3.1 Kabel und Teile aus einem Konvolut

Gerade bei den stationär eingesetzten Funkantennen haben Sie es mit einer Vielzahl von Antennenmodellen in unterschiedlichen Preisklassen zu tun. Überlegen Sie sich genau, ob Sie hier wirklich das Risiko eines Gebrauchtkaufs eingehen möchten, vor allem dann, wenn die Montage der Antenne sehr aufwendig erfolgen muss, beispielsweise auf dem Hausdach. Die Anschaffung einer preisgünstigen und neuen Antenne kann hier gegebenenfalls sinnvoller sein als der Einsatz einer gebrauchten und mitunter schon beschädigten Antenne, deren Kauf in der Regel ohne jegliche Garantie oder Gewährleistung erfolgt.